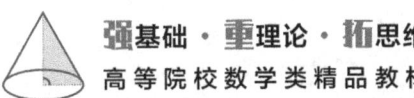

强基础・重理论・拓思维
高等院校数学类精品教材

群集行为的数学理论

Mathematical Theory of Flocking Behavior

/ 陈自力 / 主编
/ 孙吉江 尹秀霞 郭志军 / 副主编

電子工業出版社
Publishing House of Electronics Industry
北京·BEIJING

内 容 简 介

本书系统介绍了群集行为的数学理论，以 Cucker-Smale 模型为核心，探讨了多智能体在自然界和工程领域中的群体动态行为，如蜂拥、群集行为和一致性等现象. 全书分为两部分：第一部分聚焦 Cucker-Smale 模型的群集行为，第二部分研究其一致性. 本书从群体行为的基本概念入手，详细分析了长程和短程通信权重下的模型性质，包括速度对齐、碰撞避免以及非群集行为的一般充分条件. 此外，书中还探讨了混合 Cucker-Smale 模型和时滞 Cucker-Smale 模型的动态特性，并通过数值模拟验证了理论结果的有效性.

本书既包含严格的数学推导，又结合实际应用场景，适合应用数学、运筹学与控制论专业的高年级本科生和研究生阅读. 通过本书，读者可以掌握群集行为建模与分析的核心方法，为进一步研究复杂系统动力学奠定基础.

未经许可，不得以任何方式复制或抄袭本书之部分或全部内容.
版权所有，侵权必究.

图书在版编目（CIP）数据

群集行为的数学理论 / 陈自力主编. -- 北京 ：电子工业出版社, 2025.6. -- ISBN 978-7-121-50353-5
Ⅰ. TP751
中国国家版本馆 CIP 数据核字第 2025NC8631 号

责任编辑：张　鑫
印　　刷：北京天宇星印刷厂
装　　订：北京天宇星印刷厂
出版发行：电子工业出版社
　　　　　北京市海淀区万寿路 173 信箱　　邮编：100036
开　　本：720×1000　1/16　印张：10.5　字数：223 千字
版　　次：2025 年 6 月第 1 版
印　　次：2025 年 6 月第 1 次印刷
定　　价：49.00 元

凡所购买电子工业出版社图书有缺损问题，请向购买书店调换. 若书店售缺，请与本社发行部联系，联系及邮购电话：（010）88254888，88258888.
质量投诉请发邮件至 zlts@phei.com.cn, 盗版侵权举报请发邮件至 dbqq@phei.com.cn.
本书咨询联系方式：zhangx@phei.com.cn.

前　言

本书是在南昌大学数学系"动理学方程"课程讲义的基础上，参考国内外一些同类教材，经过加工和补充编写而成的. 全稿由陈自力、孙吉江、尹秀霞、郭志军四位同志分工编写，经过反复讨论、多次修改完成. 由于时间仓促，更受科学水平和教学经验的限制，书中一定存在不少缺点甚至错误之处，恳请各位教师、学生提出批评和指正.

在自然界、技术领域和社会行为的广泛背景下，我们可以观察到丰富的群体行为. 例如，鸟类和鱼类利用它们的感官能力进行沟通并调整位置，形成凝聚力强的群体. 细菌或细胞等微生物的迁移遵循基本的生物化学通信规则，诱导出对更复杂生物体生存至关重要的群体运动. 在技术领域，在实现共同群体目标方面，智能体之间的有效沟通至关重要，这一挑战涵盖了各种应用，如控制无人驾驶飞机和协调卫星导航. 社会科学也提供了大量群体行为的例子，包括意见动态、共识形成过程、社会网络、经济互动等. 生物群体在宏观上呈现出的群体行为通常可以总结为以下三种.

（1）蜂拥——群体内部保持凝聚力，但是不一定出现对齐的现象，也就是说，群体中任意两个个体间的相对位置有界，但速度不要求实现一致.

（2）群集行为——在实现蜂拥的基础上，群体中每个个体间的速度要求对齐，也就是说，群体中任意两个个体间既要实现相对位置有界，又要实现速度趋同.

（3）一致性——群体中任意两个个体间的速度和位置都趋于一致.

随着微分方程新方法的引入，与群体运动相关的数学模型的分析已成为应用数学中最活跃的领域之一. 本书以 Cucker-Smale 模型为例，介绍上述群体行为的基本数学理论. 本书分为两部分：第一部分聚焦 Cucker-Smale 模型的群集行为，第二部分研究 Cucker-Smale 模型的一致性. 第一部分有 6 章：群体行为简介、短程通信权重下的 Cucker-Smale 模型、Cucker-Smale 模型的非群集行为、混合 Cucker-Smale 模型、时滞 Cucker-Smale 模型、具有 Riesz 位势的 Cucker-Smale 模型. 第二部分有 5 章：具有幂律势的 Cucker-Smale 模型、具有高次幂律势的 Cucker-Smale 模型、具有拟二次势的 Cucker-Smale 模型、具有幂律势与反应时滞的 Cucker-Smale 模型、具有非线性速度耦合和幂律势的 Cucker-Smale 模型.

书中的绝大部分章节仅以常微分方程理论为基础，本书可作为应用数学、运筹学与控制论专业高年级本科生和研究生的教材. 考虑到大学生数学建模竞赛已经普及，研究生数学建模竞赛也已全面开展，书中适当提供了数值模拟的若干例子，以供教师和学生参考.

陈自力

2025 年 1 月于江西南昌

符 号

$\forall$	任意
$\in$	属于
$\sum$	求和
$\boldsymbol{x} \cdot \boldsymbol{y}$	向量 $\boldsymbol{x}$ 与 $\boldsymbol{y}$ 的点乘
$\cup$	并
sup	上确界
inf	下确界
$\mathbb{R}^+$	正实数
$\mathbb{R}^d$	d 维实欧几里得空间
$\boldsymbol{R}^{n \times m}$	$n \times m$ 维实矩阵
$\boldsymbol{A}$	实矩阵 $\boldsymbol{A}$
χ_A	集合 A 上的示性函数,即当 $r \in A$ 时,$\chi_A(r) = 1$,否则 $\chi_A(r) = 0$
$\boldsymbol{A}^{-1}$	矩阵 $\boldsymbol{A}$ 的逆
$\lambda_i(\boldsymbol{A})$	矩阵 $\boldsymbol{A}$ 的第 i 个特征值
$\lambda_{\max}(\boldsymbol{A})$	矩阵 $\boldsymbol{A}$ 的最大特征值
$\lambda_{\min}(\boldsymbol{A})$	矩阵 $\boldsymbol{A}$ 的最小特征值
$\boldsymbol{A} > 0$	$\boldsymbol{A}$ 对称、正定
$\boldsymbol{A} \geqslant 0$	$\boldsymbol{A}$ 对称、半正定
$|\boldsymbol{x}|$	$\boldsymbol{x}$ 的欧几里得范数
$\|\boldsymbol{x}\|_p$	向量 $\boldsymbol{x}$ 的 p-范数
$\|\boldsymbol{A}\|_p$	矩阵 $\boldsymbol{A}$ 的 p-范数
$\boldsymbol{0}_{n \times m}$	$n \times m$ 的零矩阵
$f \approx g$	存在正常数 A, B,使得 $Ag \leqslant f \leqslant Bg$

目 录

第 1 章 群体行为简介 ·· 1
  1.1 绪论 ··· 1
  1.2 Cucker-Smale 模型介绍 ·· 3
  1.3 典型的群体行为 ·· 4
  1.4 模型的基本性质 ·· 5
  1.5 长程通信权重下的群集行为 ·· 6

第 2 章 短程通信权重下的 Cucker-Smale 模型 ···························· 9
  2.1 构造"势能" ··· 9
  2.2 速度的收敛性 ·· 13
  2.3 碰撞避免 ··· 19
  2.4 数值模拟示例 ·· 22

第 3 章 Cucker-Smale 模型的非群集行为 ·································· 25
  3.1 非群集行为的充分条件 ··· 25
  3.2 二阶空间矩 ·· 29
  3.3 非群集行为的一般充分条件 ·· 30
  3.4 数值模拟示例 ·· 34

第 4 章 混合 Cucker-Smale 模型 ··· 37
  4.1 混合系统描述 ·· 37
  4.2 速度方差 ··· 38
  4.3 群集行为的充分条件 ··· 41
    4.3.1 速度方差的推导 ··· 42
    4.3.2 定理 4.1 的证明 ··· 46
  4.4 数值模拟示例 ·· 48

第 5 章 时滞 Cucker-Smale 模型 ··· 51
  5.1 问题描述 ··· 51
  5.2 碰撞避免 ··· 54

		5.2.1 短时间间隔内的碰撞避免 ································ 54
		5.2.2 二阶速度–空间距的不等式 ································ 57
		5.2.3 空间直径的正下界 ······································ 60
	5.3	群集行为的充分条件 ··· 63

第 6 章 具有 Riesz 位势的 Cucker-Smale 模型 ························ 67
6.1 问题描述 ··· 67
6.2 基本性质 ··· 68
6.3 人工势能 ··· 70
6.4 非群集行为 ··· 74

第 7 章 具有幂律势的 Cucker-Smale 模型 ···························· 77
7.1 主要结果 ··· 77
7.2 构造 Lyapunov 泛函 ··· 79
7.3 微观能量和空间直径 ··· 82
7.4 弱一致性 ··· 85
7.5 强一致性 ··· 90

第 8 章 具有高次幂律势的 Cucker-Smale 模型 ························ 95
8.1 模型介绍及基本性质 ··· 95
8.2 Lyapunov 泛函 ·· 97
8.2.1 宏观 Lyapunov 泛函 ······································· 97
8.2.2 微观 Lyapunov 泛函 ······································ 100
8.3 一致性及其收敛速率 ·· 103
8.3.1 弱一致 ·· 103
8.3.2 直径的有界性 ·· 105
8.3.3 强一致的定理证明 ·· 107

第 9 章 具有拟二次势的 Cucker-Smale 模型 ························· 111
9.1 模型介绍及基本性质 ·· 111
9.2 Lyapunov 泛函 ··· 113
9.3 一致性 ·· 117
9.3.1 空间直径的估计 ·· 118
9.3.2 Lyapunov 泛函导数的估计 ································· 122
9.3.3 弱一致性的证明 ·· 123
9.3.4 强一致性的证明 ·· 126

第 10 章 具有幂律势与反应时滞的 Cucker-Smale 模型 ················ 129
10.1 模型介绍和能量波动 ··· 129

VII

  10.2 空间直径的有界性 ·································· 132
  10.3 高阶幂律势下的一致性 ······························ 138
第 11 章 具有非线性速度耦合和幂律势的 Cucker-Smale 模型 ········ 141
  11.1 基本性质 ·· 141
  11.2 一致性与收敛速度 ·································· 143
  11.3 有限时间内一致性 ·································· 148
  11.4 独立于 N 的一致性 ································· 150
  11.5 数值模拟示例 ······································· 154
参考文献 ·· 157
索引 ·· 159

第 1 章

群体行为简介

1.1 绪论

在我们赖以生存的自然界中,北方候鸟的集体迁徙、非洲狮群的集体捕猎、地面蚁群的分工协作、海洋鱼群的群游行为等,这些都是比较常见的自然现象,候鸟的集体迁徙与鱼群的群游行为如图 1-1 所示. 在这些现象中,群体中的每个个体间都是通过相互传递某种信息来协同工作的,从而实现一种特定的群体行为. 自然界中之所以能够发生如此神奇的群体行为,是因为个体间的相互传递一些信息以及个体的自主决策,再经过时间的推移使得群体行为在宏观上表现出自组织性、稳定性以及对环境的自适应性. 这种群体行为可以简单概括为: 一个由多个低智能性简单个体构成的群体,个体间通过有限的环境信息传递以及简单的交互规则,使得群体行为具备一定的自组织以及自演化能力,运动状态从无规则无序到有序的过渡. 在群体中,由于个体的感知较弱,在有限的交流以及简单的规则下,个体间通过相互配合、相互合作可以完成各种个体无法完成且较为复杂的团队活动,从而使得整体上看起来进行着非常有序自发的组织行为. 最引人注目的群体行为包括鸟类群队中 V 形队列的图案、鱼群中螺旋运动以及细胞或蜂巢中组织结构等. 生物群体在宏观上呈现出的群体行为通常可以总结为以下三种[1].

（1）蜂拥（Swarming）——群体内部保持凝聚力,但是不一定出现对齐的现象,也就是说,群体中任意两个个体间的相对位置有界,但速度不要求实现一致.

（2）群集（Flocking）行为——在实现蜂拥的基础上,群体中每个个体间的速度要求对齐,也就是说,群体中任意两个个体间既要实现相对位置有界,又要实现速度趋同.

（3）一致性（Consensus）——群体中任意两个个体间的速度和位置都趋于一致.

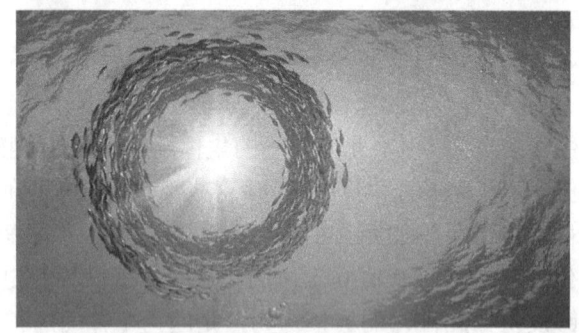

图 1-1　候鸟的集体迁徙与鱼群的群游行为

根据具体情况，人们已经探索了各种数学模型，用来复制特定的群体行为. 从广义上讲，这些模型可以分为两类：一阶系统和二阶系统. 一阶系统通常用来模拟非惯性群队——除非受到外部力的作用，否则它们会保持静止. 广泛的一阶模型可以在各种生物和物理应用中找到，如粒子动力学和细胞迁移，Kuramoto 的同步模型是著名的例子：

$$\dot{\theta}_i = \frac{1}{N}\sum_{j\neq i}\sin(\theta_j - \theta_i) + \omega_i, \quad \theta_i \in \mathbb{T}^1,$$

其中各介质的相位角用 θ_i 表示，规定的固有频率用 ω_i 表示. 该模型已被应用于多种场景，包括大脑中的神经元信号、模拟心脏起搏器细胞、电网同步等. 尽管这个模型相对简单，但它表现出非常复杂的行为. 通过调整相对于固有频率的耦合强度，可以触发从混沌相位到同步相位的相变. 时间离散 Vicsek 模型的最早的

二阶模型之一:

$$\begin{cases} x_i(k+1) = x_i(k) + v_i(k+1), \\ v_i(k+1) = v_0 \dfrac{\sum\limits_{j:|x_j-x_i|<r} v_j}{\left|\sum\limits_{j:|x_j-x_i|<r} v_j\right|}. \end{cases} \quad (1.1)$$

它的解可以产生众多群集模式, 如磨滚子或周期性旋转的链条. 根据系统中存在的噪声水平, 模型往往经历从无序状态到有序状态的相变.

1.2 Cucker-Smale 模型介绍

本书主要探讨著名的 Cucker-Smale 模型（简称 C-S 模型）. 该模型由 F. Cucker 和 S. Smale 于 2007 年在文献 [2,3] 中首次提出. 设 N 为智能体的数量, $(x_i(t), v_i(t)) \in \mathbb{R}^d \times \mathbb{R}^d$ 为第 i 个智能体在 t 时刻的位置和速度, 其中维度 $d \geqslant 1$. 那么 C-S 模型由如下动力系统描述:

$$\begin{cases} \dot{x}_i = v_i, \\ \dot{v}_i = \dfrac{1}{N} \sum\limits_{j \neq i} \phi(|x_j - x_i|)(v_j - v_i). \end{cases} \quad (1.2)$$

该系统的初值条件为

$$(x_i(0), v_i(0)) = (x_{i0}, v_{i0}). \quad (1.3)$$

非负函数 $\phi: (0, \infty) \mapsto [0, \infty)$ 表示通信权重, 用于量化智能体 j 对智能体 i 的影响. 经典的通信权重函数包含以下两种类型:

$$\phi(r) = \dfrac{1}{(1+r^2)^{\frac{\beta}{2}}}, \quad \beta \geqslant 0,$$

或

$$\phi(r) = \dfrac{1}{r^\beta}, \quad \beta > 0.$$

第一种是经典的正则通信权重函数, 第二种是奇异通信权重函数, 往往用于智能体之间的避免碰撞, 参见文献 [4-6]. 当考虑一般的通信权重函数时, 我们也会使用以下的类型:

$$\phi \in C_b^1(\mathbb{R}^+) \text{ 严格正、递减, 且满足 } \phi(0) = 1. \quad (1.4)$$

1.3 典型的群体行为

本书主要考虑两类典型的群体行为. 第一类是群集行为, 定义如下:

定义 1.1 模型 (1.2) 的解呈现弱群集行为当且仅当

(i) 智能体之间的速度差趋于零:

$$\lim_{t\to\infty} \frac{1}{N^2} \sum_{i=1}^{N} \sum_{j\neq i} |v_i(t) - v_j(t)|^2 = 0.$$

(ii) 智能体之间的相对距离一致有界:

$$\frac{1}{N^2} \sum_{i=1}^{N} \sum_{j\neq i} |x_i(t) - x_j(t)|^2 < \infty.$$

在上述定义中, 我们使用的是 l^2-范数. 如果使用 l^∞-范数, 则有如下的强群集行为.

定义 1.2 模型 (1.2) 的解呈现强群集行为, 当且仅当

$$\lim_{t\to\infty} |v_i(t) - v_j(t)| = 0, \quad 1 \leqslant i \neq j \leqslant N;$$

$$\sup_{t\geqslant 0} |x_i(t) - x_j(t)| < \infty, \quad 1 \leqslant i \neq j \leqslant N.$$

下面介绍第二类群体行为: 一致性.

定义 1.3 模型 (1.2) 的解呈现弱一致性, 当且仅当

$$\lim_{t\to\infty} \frac{1}{N^2} \sum_{i=1}^{N} \sum_{j\neq i} |v_i(t) - v_j(t)|^2 = 0,$$

$$\lim_{t\to\infty} \frac{1}{N^2} \sum_{i=1}^{N} \sum_{j\neq i} |x_i(t) - x_j(t)|^2 = 0.$$

定义 1.4 模型 (1.2) 的解呈现强一致性, 当且仅当

$$\lim_{t\to\infty} |v_i(t) - v_j(t)| = 0, \quad 1 \leqslant i \neq j \leqslant N;$$

$$\lim_{t\to\infty} |x_i(t) - x_j(t)| = 0, \quad 1 \leqslant i \neq j \leqslant N.$$

从上述定义易知，一致性比群集行为需要满足的条件更苛刻，因此往往需要在 C-S 模型中加入相互吸引的势能. 本书的第二部分会重点介绍一致性的相关结论.

除此之外，智能体之间的避免碰撞也是我们所关注的，下面给出其定义.

定义 1.5 模型 (1.2) 的解会避免碰撞，当且仅当

$$|x_i(t) - x_j(t)| > 0, \quad 1 \leqslant i \neq j \leqslant N, \forall\, t \geqslant 0.$$

现实中的智能体一定是有体积的，避免碰撞不仅需要相互之间的距离非负，而且它们要有正的下界. 所以，我们进一步给出如下定义：

定义 1.6 模型 (1.2) 的解会完全避免碰撞，当且仅当

$$\inf_{t \geqslant 0} |x_i(t) - x_j(t)| > 0, \quad 1 \leqslant i \neq j \leqslant N.$$

1.4 模型的基本性质

本节给出 C-S 模型的基本性质，包含动量守恒、能量衰减以及 Galilean 不变性.

引理 1.1 设 $\{(x_i, v_i)\}_{i=1}^N$ 是 C-S 模型的全局解，则

$$\frac{\mathrm{d}}{\mathrm{d}t} \frac{1}{N} \sum_{i=1}^N v_i = 0, \tag{1.5}$$

$$\frac{\mathrm{d}}{\mathrm{d}t} \mathcal{E}_k(t) = -\frac{1}{N^2} \sum_{i=1}^N \sum_{j \neq i} |v_i - v_j|^2 \phi(|x_i - x_j|), \tag{1.6}$$

其中 $\mathcal{E}_k(t)$ 代表系统在 t 时刻的动能，即 $\mathcal{E}_k(t) := \dfrac{1}{N} \sum_{i=1}^N |v_i(t)|^2$.

式 (1.6) 意味着动能是递减的. 而且，在条件 (1.5) 的假设下，该式等价于

$$\frac{\mathrm{d}}{\mathrm{d}t} \sum_{1 \leqslant i \neq j \leqslant N} |v_i(t) - v_j(t)|^2 = -2 \sum_{i=1}^N \sum_{j \neq i} |v_i - v_j|^2 \phi(|x_i - x_j|). \tag{1.7}$$

然后，考虑系统的平均位置和平均速度. 令 $(x_c(t), v_c(t))$ 代表系统在 t 时刻的平均位置和平均速度，即

$$(x_c(t), v_c(t)) = \left(\frac{1}{N} \sum_{i=1}^N x_i(t), \frac{1}{N} \sum_{i=1}^N v_i(t) \right).$$

由条件 (1.5) 可知

$$v_c(t) \equiv v_c(0), \quad x_c(t) = x_c(0) + tv_c(0). \tag{1.8}$$

根据模型的 Galilean 不变性，可以进一步假设初值满足

$$x_c(0) = v_c(0) = 0.$$

因此，由该假设和式 (1.8) 可知

$$x_c(t) = v_c(t) = 0. \tag{1.9}$$

1.5 长程通信权重下的群集行为

本节陈述并证明 C-S 模型的解的群集行为的经典结果.

引理 1.2 设通信权重 ϕ 满足

$$\phi(r) = \frac{K}{(1+r^2)^{\frac{\beta}{2}}}, \quad \beta \geqslant 0, K > 0.$$

若 $\beta \leqslant 1$, 则对任意初值, 模型 (1.2) 的解必有强群集行为.

对于 $0 < \beta < 1$ 的情形, 群集行为以及指数收敛性已经被经典文献 [2] 中证明. 多项式收敛和指数收敛的群集行为被分别推广到 $\beta = 1$ 的情形, 参见文献 [7–9]. 然而, 对于 $\beta > 1$ 的情形, 仅对部分初值才有解的群集行为. 对于一般的通信权重 ϕ, 文献 [8] 建立了下述定理.

定理 1.1 （i）设通信权重 ϕ 满足

$$\phi \in C_b^1(\mathbb{R}^+) \ \text{严格正、递减, 且} \int_0^\infty \phi(r)\mathrm{d}r = +\infty,$$

则对任意初值, 模型 (1.2) 的解具有强群集行为.

（ii）设通信权重 ϕ 满足

$$\phi \in C_b^1(\mathbb{R}^+) \ \text{严格正、递减, 且} \int_0^\infty \phi(r)\mathrm{d}r < +\infty.$$

若初值满足

$$\max |v_{i0} - v_c| < \frac{1}{2} \int_{\max |x_{i0} - x_c|}^\infty \phi(2r)\mathrm{d}r, \tag{1.10}$$

则模型 (1.2) 的解具有强群集行为.

证明 为计算简便,记

$$\begin{cases} X(t) = \sup_{1 \leqslant i \leqslant N} |x_i(t) - x_c(t)|, \\ V(t) = \sup_{1 \leqslant i \leqslant N} |v_i(t) - v_c|. \end{cases}$$

由模型易知,

$$X'(t) \leqslant V(t). \tag{1.11}$$

而且,对固定的时刻 t,存在智能体 i_0 使得 $V(t) = |v_{i_0}(t) - v_c|$. 因此,

$$2V(t)\frac{\mathrm{d}}{\mathrm{d}t}V(t)$$

$$\leqslant \frac{1}{N}\sum_{j=1}^{N}\phi(|x_j - x_{i_0}|)(v_j - v_{i_0}) \cdot (v_{i_0} - v_c)$$

$$\leqslant \frac{1}{N}\sum_{j=1}^{N}\phi(|x_j - x_{i_0}|)\left[(v_j - v_c) \cdot (v_{i_0} - v_c) - |v_{i_0} - v_c|^2\right].$$

由于 $|v_{i_0} - v_c|$ 是最大的速度差,因此

$$(v_j - v_c) \cdot (v_{i_0} - v_c) - |v_{i_0} - v_c|^2 \leqslant 0.$$

将上述两不等式联立,由 ϕ 的递减性可得

$$V(t)\frac{\mathrm{d}}{\mathrm{d}t}V(t)$$

$$\leqslant \frac{1}{N}\sum_{j=1}^{N}\phi(D(t))\left[(v_j - v_c) \cdot (v_{i_0} - v_c) - |v_{i_0} - v_c|^2\right]$$

$$\leqslant -\phi(D(t))V(t)^2.$$

因此,由上式和 $D(t) \leqslant 2X(t)$ 可知

$$\frac{\mathrm{d}}{\mathrm{d}t}V(t) \leqslant -\phi(2X(t))V(t). \tag{1.12}$$

下面通过构造 Lyapunov 泛函证明 $D(t)$ 的有界性. 考虑如下泛函:

$$L(t) = V(t) + \frac{1}{2}\int_{X(0)}^{X(t)}\phi(2r)\mathrm{d}r,$$

由式 (1.12) 可知，$L'(t) \leqslant 0$，因此

$$\frac{1}{2}\int_{X(0)}^{X(t)} \phi(2r)\mathrm{d}r \leqslant V(0).$$

定理中的条件 (1.10) 等价于

$$V(0) < \frac{1}{2}\int_{X(0)}^{\infty} \phi(2r)\mathrm{d}r.$$

由积分的连续性，存在 $M > 0$ 使得

$$V(0) = \frac{1}{2}\int_{X(0)}^{M} \phi(2r)\mathrm{d}r.$$

因此，

$$\frac{1}{2}\int_{X(0)}^{X(t)} \phi(2r)\mathrm{d}r \leqslant \frac{1}{2}\int_{X(0)}^{M} \phi(2r)\mathrm{d}r.$$

由通信权重的非负性和上式，有 $D(t) \leqslant 2X(t) \leqslant 2M$.

最后给出群集行为具体的收敛速度. 由式 (1.12) 和 $D(t) \leqslant 2M$，有

$$\frac{\mathrm{d}V}{\mathrm{d}t} \leqslant -\phi(2M)V.$$

由此可知 $V(t) \leqslant V(0)\mathrm{e}^{-\phi(2M)t}$. □

上述定理不仅建立了长程通信权重下 C-S 模型的群集行为和具体的收敛速度，而且对短程通信权重下的模型也得到了群集行为的充分条件.

第 2 章

短程通信权重下的 Cucker-Smale 模型

第 1 章系统研究了长程通信权重下的 C-S 模型的群集行为. 而对短程通信权重下的 C-S 模型, 仅对部分初值才有解的群集行为. 对具有短程通信权重的 C-S 模型的所有初值, 本章将建立一种新型渐近行为.

2.1 节针对一般的 C-S 模型建立了新的等式; 2.2 节利用该等式建立短程通信权重下的 C-S 模型的渐近行为; 2.3 节针对具有某些奇异短程通信权重的 C-S 模型, 证明智能体之间会避免碰撞; 2.4 节则给出三个模拟示例, 用来阐释上述理论结果的有效性.

2.1 构造"势能"

在第 1 章关于群集行为的证明中, 式 (1.6) 是关键的, 但其仅包含动能. 从物理学的角度看, 这里可以添加一个"势能". 注意到粒子之间还有另一种相互作用: 速度对齐. 为了描述它, 我们在下述命题中定义"人工势能", 并用二阶速度–位置矩 $\sum |v_i(t) - x_i(t)/t|^2$ 代替 $\sum |v_i(t)|^2$.

命题 2.1 令 Φ 满足 $\Phi'(r) = -r\phi(r)$. 设 $\{(x_i, v_i)\}_{i=1}^N$ 是模型 (1.2) 的全局经典解. 若 $\alpha > 0$, 则对 $\forall t \geqslant 0$, 有

$$\frac{\mathrm{d}}{\mathrm{d}t}\left[\frac{1}{t+\alpha}\sum_{i=1}^N |x_i - (t+\alpha)v_i|^2 + \frac{1}{N}\sum_{i=1}^N\sum_{j\neq i}\Phi(|x_i - x_j|)\right]$$
$$= -\sum_{i=1}^N\left|v_i - \frac{x_i}{t+\alpha}\right|^2 - \frac{t+\alpha}{N}\sum_{i=1}^N\sum_{j\neq i}|v_i - v_j|^2 \phi(|x_j - x_i|). \tag{2.1}$$

若 $\alpha = 0$,则式 (2.1) 对任意 $t > 0$ 成立.

证明　仅证明 $\alpha > 0$ 的情形. 由模型 (1.2) 可得 $\dfrac{\mathrm{d}}{\mathrm{d}t}[x_i - (t+\alpha)v_i] = -(t+\alpha)\dfrac{\mathrm{d}}{\mathrm{d}t}v_i$,然后有

$$\frac{\mathrm{d}}{\mathrm{d}t}\sum_{i=1}^{N}|x_i - (t+\alpha)v_i|^2$$

$$= \sum_{i=1}^{N} 2(x_i - (t+\alpha)v_i) \cdot \left[-\frac{t+\alpha}{N}\sum_{j\neq i}(v_j - v_i)\phi(|x_j - x_i|)\right]$$

$$= \frac{t+\alpha}{N}\sum_{i=1}^{N}\sum_{j\neq i}(x_i - x_j)\cdot(v_i - v_j)\phi(|x_j - x_i|) -$$

$$\frac{(t+\alpha)^2}{N}\sum_{i=1}^{N}\sum_{j\neq i}|v_i - v_j|^2\phi(|x_j - x_i|).$$

因此,

$$\frac{\mathrm{d}}{\mathrm{d}t}\left(\frac{1}{t+\alpha}\sum_{i=1}^{N}|x_i - (t+\alpha)v_i|^2\right)$$

$$= -\sum_{i=1}^{N}\left|v_i - \frac{x_i}{t+\alpha}\right|^2 - \frac{t+\alpha}{N}\sum_{i=1}^{N}\sum_{j\neq i}|v_i - v_j|^2\phi(|x_j - x_i|) +$$

$$\frac{1}{N}\sum_{i=1}^{N}\sum_{j\neq i}(x_i - x_j)\cdot(v_i - v_j)\phi(|x_j - x_i|). \tag{2.2}$$

也可以通过模型 (1.2) 和 $\varPhi'(r) = -r\phi(r)$ 得到

$$\frac{\mathrm{d}}{\mathrm{d}t}\sum_{i=1}^{N}\sum_{j\neq i}\varPhi(|x_i - x_j|)$$

$$= \sum_{i=1}^{N}\sum_{j\neq i}\frac{(x_i - x_j)\cdot(v_i - v_j)}{|x_i - x_j|}\varPhi'(|x_i - x_j|)$$

$$= -\sum_{i=1}^{N}\sum_{j\neq i}(x_i - x_j)\cdot(v_i - v_j)\phi(|x_j - x_i|). \tag{2.3}$$

结合式 (2.2) 和式 (2.3),式 (2.1) 得证. $\square$

第 2 章 短程通信权重下的 Cucker-Smale 模型

在式 (2.1) 中，$\Phi(|x_i - x_j|)$ 仅包含 $|x_i - x_j|$，因此可以把它看作势能. 下面分析式 (2.1) 的作用. 首先，由式 (2.1) 可知

$$\lim_{t \to \infty} \sum_{i=1}^{N} \left| v_i(t) - \frac{x_i(t)}{t} \right|^2 \longrightarrow 0, \tag{2.4}$$

而且，由式 (2.1) 可以得到一般的短程通信权重下的 C-S 模型的收敛速率.

从理论上说，式 (2.4) 和它的收敛速率非常重要. 笼统地说，当通信距离很长时，所有智能体都会受到其他智能体的强烈影响. 相反地，当通信距离很短时，来自其他智能体的影响会明显减弱. 此时，对任意初值，$v_i(t)$ 都收敛于同一值 v_c 是不切实际的. 在这种情况下，自然会有如下问题：

（1）$v_i(t)$ 是否对任意初值都收敛？

（2）如果 v_i 收敛，收敛速率是什么？

（3）如果 $v_i(t) \to v_i^*$，那么 v_i^* 具体是多少？

值得一提的是，$v_i(t)$ 的收敛性和 v_i^* 都可以在具有一维的短程通信权重下的 C-S 模型中得到. 但方法是基于一维模型的特定结构的，不能用在高维模型中，而且没有得到收敛速率. 所以在 $\mathbb{R}^1$ 中，问题（2）尚未解决. 而在 $\mathbb{R}^D$（$D > 1$）中，所有问题都尚未解决. 我们寻求另一种稍弱的渐近行为，那就是式 (2.4). 显然，若对 $\forall i$，$v_i(t)$ 都收敛，那么式 (2.4) 成立. 事实上，由式 (1.2)、式 (1.3) 可得，对 $\forall t > 0$，有

$$\left| v_i(t) - \frac{x_i(t)}{t} \right| = \left| v_i(t) - \frac{x_{i0} + \int_0^t v_i(s) \mathrm{d}s}{t} \right|$$

$$= \left| v_i(t) - v_i^* - \frac{x_{i0} + \int_0^t (v_i(s) - v_i^*) \mathrm{d}s}{t} \right|$$

$$\leqslant |v_i(t) - v_i^*| + \frac{|x_{i0}|}{t} + \frac{\int_0^t |v_i(s) - v_i^*| \mathrm{d}s}{t},$$

其中 v_i^* 是 $v_i(t)$ 的极限. 另外，如果 $v_i(t) - x_i(t)/t$ 多项式收敛于 0，我们仍然可以得到 $v_i(t)$ 的收敛性及其收敛速率.

引理 2.1 设 $\{(x_i, v_i)\}_{i=1}^{N}$ 是模型 (1.2) 的全局经典解. 若 $v_i - x_i/t \to 0$ 且 $v_i/t - x_i/t^2$ 在 $[1, \infty)$ 上可积，则 $v_i^* := \lim\limits_{t \to \infty} v_i(t)$ 存在. 而且，若存在正常数 C

11

和 γ 使得
$$|v_i - x_i/t| \leqslant Ct^{-\gamma}, \quad t \geqslant 1,$$
则
$$|v_i(t) - v_i^*| \leqslant Ct^{-\gamma}, \quad t \geqslant 1.$$

证明 为了简便，令 $g_i(t) = v_i(t) - x_i(t)/t$. 通过解常微分方程 $\frac{\mathrm{d}}{\mathrm{d}t}x_i - x_i/t = g_i$, 得到 $x_i(t) = tx_i(1) + t\int_1^t s^{-1} g_i(s) \mathrm{d}s$. 因此, $v_i(t) = x_i(1) + g_i(t) + \int_1^t s^{-1} g_i(s) \mathrm{d}s$ 对 $\forall t \geqslant 1$ 都成立. 由此可知, 若 $g_i(t) \to 0$ 且 $s^{-1}g_i(s)$ 在 $[1, \infty)$ 上可积, 则 $v_i(t)$ 收敛. 当 $|g_i(t)| \leqslant Ct^{-\gamma}$ 时, 甚至有
$$|v_i(t) - v_i^*| \leqslant |g_i(t)| + \int_t^\infty s^{-1}|g_i(s)| \mathrm{d}s.$$
由此也得到了需要的收敛速率. $\square$

综上可知, 由式 (2.4) 及其收敛速率, 有可能得到问题 (1) 和 (2) 的答案. 下面将证明对所有短程通信权重 ϕ, 在大多数情况下有 $v_i(t) - x_i(t)/t$ 多项式收敛于 0. 此时, 通过应用引理 2.1, v_i 的收敛性及其收敛速率都是易知的.

其次, 式 (2.4) 和它的推论在研究具有短程通信权重下的 C-S 模型的群集或多族群现象方面都有所应用.

(1) 令 $x_c(t)$ 表示在时刻 t 的平均位置, 那么根据模型 (1.2) 和式 (1.5), 有 $x_c(t) = tv_c + x_c(0)$. 因此, 式 (2.4) 等价于
$$\sum |v_i(t) - v_c - (x_i(t) - x_c(t))/t|^2 \to 0.$$
并且, 由下式可知, 式 (2.4) 也等价于 $\sum |v_i(t) - v_j(t) - (x_i(t) - x_j(t))/t|^2 \to 0$.

$$\sum_{i,j=1}^N |v_i - x_i/t - (v_j - x_j/t)|^2$$
$$= 2N \sum_{i=1}^N |v_i - x_i/t|^2 - 2\left[\sum_{i=1}^N (v_i - x_i/t)\right] \cdot \left[\sum_{j=1}^N (v_j - x_j/t)\right]$$
$$= 2N \sum_{i=1}^N |v_i - x_i/t|^2 - 2N^2 |v_c - x_c/t|^2.$$

(2) 由以上讨论知, 短程通信权重下的 C-S 模型如何形成一个群体: 对 $\forall i, j$, 有 $\sup_{t \geqslant 0} |x_i(t) - x_j(t)| < \infty$. 特别地, 如果通信权重 ϕ 在区间 $[0, R]$ 上是紧支集

第 2 章 短程通信权重下的 Cucker-Smale 模型

的，为了得到群集，在一些先前的研究结果中会假设 $\sup\limits_{t\geqslant 0}|x_i(t)-x_j(t)|\leqslant R$，如文献 [10] 中的附注 2.10. 这表明在这种情况下，精确的上界 R 并非是必需的.

（3）如果短程通信权重下的 C-S 模型仅具有速度对齐的特性，那么群集行为可能会失败，如文献 [12] 中的推论 3.1. 它具有速度对齐特性当且仅当群体的直径是次线性的：对 $\forall i,j$，有 $x_i(t)-x_j(t)=o(t),\ \lim\limits_{t\to\infty}\dfrac{x_i(t)-x_j(t)}{t}=0$.

（4）注意到，局部群集行为在多族群现象中也非常关键. 因为

$$\sup_{t\geqslant 0}|x_i(t)-x_j(t)|<\infty \Rightarrow |v_i(t)-v_j(t)|\to 0,$$

可以得出结论：同一族群中的所有智能体都具有局部群集行为.

（5）为了得到式 (2.4)，我们只需要假设 $0\leqslant \phi\in L(\mathbb{R}^+)$. 这里不要求 ϕ 是递减的，所以，式 (2.4) 在更广泛的情形范围内也是适用的.

最后，从式 (2.1) 中，不仅能够得到式 (2.4) 及其收敛速度，而且能估算动能下降的速度. 另外，可以证明具有某些奇异短程通信权重的 C-S 模型中的智能体之间会碰撞避免.

2.2 速度的收敛性

由命题 2.1，如果 $\varPhi$ 是正数，可以得到 $\sum|v_i(t)-x_i(t)/t|^2 \to 0$ 及其收敛速率，并且能够估算动能下降的速度. 为了方便起见，将相对速度波动记为

$$\Lambda(t):=\sum_{1\leqslant i\neq j\leqslant N}|v_i(t)-v_j(t)|^2.$$

引理 2.2 令 $\alpha>0$. 如果存在一个非负函数 $\varPhi$，使得 $\varPhi'(r)=-r\phi(r)$，那么对 $\forall t\geqslant 0$，C-S 模型的全局经典解 $\{(x_i,v_i)\}_{i=1}^N$ 满足

$$\sum_{i=1}^N\left|v_i-\frac{x_i}{t+\alpha}\right|^2\leqslant C(t+\alpha)^{-1} \tag{2.5}$$

以及

$$\sum_{i=1}^N\int_0^t\left|v_i(s)-\frac{x_i(s)}{s+\alpha}\right|^2\mathrm{d}s\leqslant C. \tag{2.6}$$

而且，动能和相对速度波动在 $t\in[0,\infty)$ 上分别满足

$$\mathcal{E}(\infty)\leqslant\mathcal{E}(t)\leqslant\mathcal{E}(\infty)+C(t+\alpha)^{-1}, \tag{2.7}$$

以及
$$\Lambda(\infty) \leqslant \Lambda(t) \leqslant \Lambda(\infty) + C(t+\alpha)^{-1}. \tag{2.8}$$
这里的正常数 C 仅依赖于 $\alpha, N, \|x^{in}\|, \|v^{in}\|$ 和 $\Phi(\min_{i \neq j}\{|x_{i0} - x_{j0}|\})$. 其中, x^{in} 表示初值里的位置向量, 它的分量为各个智能体的初始位置, 即 $x^{in} = (x_{i0})_i^N$; v^{in} 表示初值里的速度向量, 它的分量为各个智能体的初始速度, 即 $v^{in} = (v_{i0})_i^N$. 若 $\alpha = 0$, 不等式 (2.5)~ 不等式 (2.8) 对 $t > 0$ 仍然成立.

证明 仅证 $\alpha > 0$ 的情况. 由命题 2.1 可知: 对 $\forall t \geqslant 0$, 有

$$(t+\alpha)\sum_{i=1}^{N}\left|v_i - \frac{x_i}{t+\alpha}\right|^2 + \frac{1}{N}\sum_{i=1}^{N}\sum_{j \neq i}^{N}\Phi(|x_i - x_j|)+$$

$$\int_0^t \left[\sum_{i=1}^{N}\left|v_i - \frac{x_i}{s+\alpha}\right|^2 + \frac{s+\alpha}{N}\sum_{i=1}^{N}\sum_{j \neq i}^{N}|v_i - v_j|^2\phi(|x_j - x_i|)\right]\mathrm{d}s$$

$$= \frac{1}{\alpha}\sum_{i=1}^{N}|x_{i0} - \alpha\, v_{i0}|^2 + \frac{1}{N}\sum_{i=1}^{N}\sum_{j \neq i}^{N}\Phi(|x_{i0} - x_{j0}|)$$

$$\leqslant 2\alpha^{-1}\|x^{in}\|^2 + 2\alpha\|v^{in}\|^2 + (N-1)\Phi(\min_{i \neq j}|x_{i0} - x_{j0}|). \tag{2.9}$$

由定义知, Φ 递减. 注意到 Φ, ϕ 都是非负的, 得到式 (2.5)、式 (2.6) 和

$$\int_0^t \frac{s+\alpha}{N}\sum_{i=1}^{N}\sum_{j \neq i}^{N}|v_i - v_j|^2\phi(|x_j - x_i|)\mathrm{d}s \leqslant C, \tag{2.10}$$

其中正常数 C 只依赖于 $\alpha, N, \|x^{in}\|, \|v^{in}\|$ 和 $\Phi(\min_{i \neq j}\{|x_{i0} - x_{j0}|\})$. 现在, 通过式 (1.6) 得到, 对 $\forall t > s \geqslant 0$, 有

$$\sum_{i=1}^{N}|v_i(s)|^2 - \sum_{i=1}^{N}|v_i(t)|^2$$

$$= \int_s^t \frac{1}{N}\sum_{i=1}^{N}\sum_{j \neq i}^{N}|v_i - v_j|^2\phi(|x_j - x_i|)\mathrm{d}\tau$$

$$\leqslant \frac{1}{s+\alpha}\int_s^t \frac{\tau+\alpha}{N}\sum_{i=1}^{N}\sum_{j \neq i}^{N}|v_i - v_j|^2\phi(|x_j - x_i|)\mathrm{d}\tau.$$

结合上述不等式和式 (2.10), 可得

$$0 \leqslant \sum_{i=1}^{N}|v_i(s)|^2 - \sum_{i=1}^{N}|v_i(t)|^2 \leqslant C(s+\alpha)^{-1}, \quad t > s \geqslant 0.$$

因此, 令 $t \to \infty$, 可得式 (2.7). 类似地, 可以通过式 (1.7) 和式 (2.10) 来得到式 (2.8). □

附注 2.1 (i) 如果上述的 C-S 模型具有速度对齐特性, 那么由式 (2.8) 能够得到对齐的速度. 也就是说, 如果 $\Lambda(t) \to 0$, 那么存在一个正常数 C 使得 $\Lambda(t) \leqslant C(t+\alpha)^{-1}$.

(ii) 对某些典型通信权重, 存在非负函数 Φ, 比如, 在文献 [2] 中, 对经典的正则通信权重, 有

$$\phi(r) = \frac{K}{(1+r^2)^{\beta/2}}, \quad \Phi(r) = \frac{K}{(\beta-2)(1+r^2)^{\beta/2-1}}, \quad \beta > 2;$$

在文献 [8] 中, 对奇异通信权重, 有

$$\phi(r) = \frac{K}{r^\beta}, \quad \Phi(r) = \frac{K}{(\beta-2)r^{\beta-2}}, \quad \beta > 2.$$

(iii) 一般来说, 如果 $r\phi(r)$ 在区间 $(0, \infty)$ 上是可积的, 可以选取 $\Phi(r) = \int_r^\infty s\phi(s)\mathrm{d}s$. 特别地, 对任何具有紧支集的 ϕ, 都存在一个正的 Φ. 例如, 在文献 [11] 中提到的 $\chi_{[0,R]}$ (其中 $R > 0$) 以及在文献 [10] 中提到的 $\chi_{[0,1/\sqrt{2}]} + 2\chi_{[1/\sqrt{2},1]}$. 其中 $\chi_\Omega(\cdot)$ 是指示函数: $\chi_\Omega(s) = 1$, 若 $s \in \Omega$; $\chi_\Omega(s) = 0$, 若 $s \notin \Omega$.

即使 Φ 不是非负的, 对于使 $-\Phi$ 增长缓慢的通信权重, 也能够得到式 (2.4). 确切地说, 根据命题 2.1, 如果存在 $\gamma \in [0,1)$ 及 $C > 0$ 使得 $-\Phi(|x_i - x_j|) \leqslant Ct^\gamma$, 可以得到 $\sum |v_i(t) - x_i(t)/t|^2 \leqslant Ct^{\gamma-1}$. 在下面的定理中将详细计算具有通信权重 $\phi(r) = r^{-\beta}$ ($\beta = 2$) 的 C-S 模型中 $\sum |v_i(t) - x_i(t)/t|^2$ 的衰减率.

定理 2.1 假设 $\phi(r) = r^{-\beta}$ 以及初值 (x^{in}, v^{in}) 是无碰撞的, 或者假设 $\phi(r) = (1+r^2)^{-\beta/2}$. 那么全局经典解 $(x_i(t), v_i(t))$ 满足以下估计:

若 $\beta > 2$, 则对 $\forall t \geqslant 0, \alpha > 0$ 或 $\forall t > 0, \alpha = 0$, 有

$$\begin{cases} \sum_{i=1}^N \left|v_i - \dfrac{x_i}{t+\alpha}\right|^2 \leqslant C(t+\alpha)^{-1}, \\ \int_0^t \sum_{i=1}^N \left|v_i(s) - \dfrac{x_i(s)}{s+\alpha}\right|^2 \mathrm{d}s \leqslant C; \end{cases} \quad (2.11)$$

若 $\beta = 2$, 则对 $\forall t \geqslant 0, \alpha > 0$ 或 $\forall t > 0, \alpha = 0$, 有

$$\begin{cases} \sum_{i=1}^{N} \left| v_i - \frac{x_i}{t+\alpha} \right|^2 \leqslant C \frac{\log(t+2)}{t+\alpha}, \\ \int_0^t \sum_{i=1}^{N} \left| v_i(s) - \frac{x_i(s)}{s+\alpha} \right|^2 ds \leqslant C \log(t+2); \end{cases} \qquad (2.12)$$

若 $\beta \in (1,2)$，则对 $\forall t \geqslant 0, \alpha > 0$ 或 $\forall t > 0, \alpha = 0$，有

$$\sum_{i=1}^{N} \left| v_i - \frac{x_i}{t+\alpha} \right|^2 \leqslant C(t+\alpha)^{1-\beta}, \qquad (2.13)$$

其中正常数 C 只依赖于 α, β, N 和初值.

证明 只考虑 $\phi(r) = r^{-\beta}$ 的情况. 注意到初值 (x^{in}, v^{in}) 是非碰撞的，所以

$$\Phi(\min_{i \neq j}\{|x_{i0} - x_{j0}|\}) \leqslant \frac{1}{(\beta-2)\min_{i \neq j}\{|x_{i0}-x_{j0}|\}^{\beta-2}} < \infty.$$

那么，由式 (2.5) 和式 (2.6) 我们得到式 (2.11).

式 (2.12) 的证明和式 (2.13) 类似，这里只证明前者. 通过命题 2.1 有

$$\frac{d}{dt}\left[\frac{1}{t+\alpha} \sum_{i=1}^{N} |x_i - (t+\alpha)v_i|^2 + \frac{1}{N} \sum_{i=1}^{N} \sum_{j \neq i} \log \frac{1}{|x_i - x_j|} \right]$$
$$= -\sum_{i=1}^{N} \left| v_i - \frac{x_i}{t+\alpha} \right|^2 - \frac{t+\alpha}{N} \sum_{i=1}^{N} \sum_{j \neq i} \frac{|v_i - v_j|^2}{|x_i - x_j|^2}, \qquad (2.14)$$

其中 $\beta = 2$. 证得

$$\max_{1 \leqslant i \neq j \leqslant N} |x_i(t) - x_j(t)| \leqslant \max_{1 \leqslant i \neq j \leqslant N} |x_{i0} - x_{j0}| + \max_{1 \leqslant i \neq j \leqslant N} |v_{i0} - v_{j0}|t. \qquad (2.15)$$

假设 $|v_1(t) - v_2(t)| = \max_{1 \leqslant i \neq j \leqslant N} |v_i(t) - v_j(t)|$，按照文献 [9] 中的方法，有

$$\frac{d}{dt}|v_1(t) - v_2(t)|$$
$$= \frac{v_1 - v_2}{|v_1 - v_2|} \left(\frac{1}{N} \sum_{j=1}^{N} \frac{v_j - v_1}{|x_j - x_1|^\beta} - \frac{1}{N} \sum_{j=1}^{N} \frac{v_j - v_2}{|x_j - x_2|^\beta} \right)$$
$$= \frac{1}{N} \sum_{j=1}^{N} \frac{(v_1 - v_2) \cdot (v_j - v_2) - |v_1 - v_2|^2}{|v_1 - v_2||x_j - x_1|^\beta} +$$

第 2 章 短程通信权重下的 Cucker-Smale 模型

$$\frac{1}{N}\sum_{j=1}^{N}\frac{(v_1-v_2)\cdot(v_1-v_j)-|v_1-v_2|^2}{|v_1-v_2||x_j-x_2|^\beta}\leqslant 0,$$

由此可得

$$\max_{1\leqslant i\neq j\leqslant N}|v_i(t)-v_j(t)|\leqslant \max_{1\leqslant i\neq j\leqslant N}|v_{i0}-v_{j0}|.$$

然后，通过 $\dfrac{\mathrm{d}}{\mathrm{d}t}|x_i-x_j|\leqslant |v_i-v_j|$ 得到式 (2.15). 结合式 (2.14) 和式 (2.15)，得到式 (2.12). 事实上，由于 $C_0=\max\limits_{1\leqslant i\neq j\leqslant N}\{|x_{i0}-x_{j0}|^{-1},|x_{i0}-x_{j0}|,|v_{i0}-v_{j0}|\}$，得出 $C_0\geqslant 1$ 以及

$$|x_i(t)-x_j(t)|\leqslant C_0(t+1),\quad t\geqslant 0. \tag{2.16}$$

接下来，有

$$\frac{1}{t+\alpha}\sum_{i=1}^{N}|x_i-(t+\alpha)v_i|^2+\int_0^t\sum_{i=1}^{N}\left|v_i-\frac{x_i}{s+\alpha}\right|^2\mathrm{d}s$$

$$\leqslant \frac{1}{\alpha}\sum_{i=1}^{N}|x_{i0}-\alpha v_{i0}|^2+\frac{1}{N}\sum_{i=1}^{N}\sum_{j\neq i}\log\left(\max\left\{\frac{1}{|x_{i0}-x_{j0}|},1\right\}\right)-$$

$$\frac{1}{N}\sum_{i=1}^{N}\sum_{j\neq i}\log\left(\min\left\{\frac{1}{|x_i-x_j|},1\right\}\right)$$

$$\leqslant 2\alpha^{-1}\|x^{in}\|^2+2\alpha\|v^{in}\|^2+(N-1)\log C_0+(N-1)\log(C_0(t+1))$$

$$\leqslant C\log(t+2),$$

其中 $C=\max\left\{\dfrac{2\alpha^{-1}\|x^{in}\|^2+2\alpha\|v^{in}\|^2+2(N-1)\log C_0}{\log 2},N-1\right\}$. □

附注 2.2 (i) 结合定理 2.1 和引理 2.1，对于上述 C-S 模型，可以得到 v_i 的收敛性以及收敛速率，即

$$\sum_{i=1}^{N}|v_i(t)-v_i^*|^2\leqslant \begin{cases}C(t+\alpha)^{-1},&\beta>2;\\ C\dfrac{\log(t+2)}{t+\alpha},&\beta=2;\\ C(t+\alpha)^{1-\beta},&1<\beta<2.\end{cases}$$

其中 $\beta=2$ 的情况由式 (2.12) 的第二个不等式得到.

(ii) 若存在一个正常数 K 使得 $\phi(r) \leqslant K(1+r^2)^{-\frac{\beta}{2}}$ ($\beta > 1$), 那么不等式 (2.11)~ 不等式 (2.13) 和上述不等式仍然成立. 事实上, 通过选取 $\Phi(r) = -\int_0^r s\phi(s)\mathrm{d}s$, 可以由式 (2.16) 知

$$-\Phi(|x_i - x_j|) \leqslant \int_0^{C_0(t+1)} s\phi(s)\mathrm{d}s.$$

然后, 由命题 2.1 可知, 对 $\forall t > 0$, 有

$$\sum_{i=1}^N |v_i - x_i/t|^2 \leqslant C\left(1 + \int_0^{C_0(t+1)} s\phi(s)\mathrm{d}s\right) t^{-1}, \qquad (2.17)$$

因此由 ϕ 的定义可得结论.

(iii) 总的来说, 如果存在一个常数 $\epsilon \in (0,1]$ 使得 $(1+r)^\epsilon \phi(r) \in L^1(\mathbb{R}^+)$, 由式 (2.17) 也可以得到下述结论: 对 $\forall t > 0$, 有

$$\sum_{i=1}^N |v_i - x_i/t|^2 \leqslant C\left(1 + (t+1)^{1-\epsilon}\int_0^{C_0(t+1)} s^\epsilon \phi(s)\mathrm{d}s\right) t^{-1} \leqslant Ct^{-\epsilon}.$$

然后, 由引理 2.1 可知, 当 $t \to \infty$ 时, $v_i(t)$ 收敛, 并且对 $\forall t > 0$, 有

$$\sum |v_i(t) - v_i^*|^2 \leqslant Ct^{-\epsilon}.$$

(iv) 事实上, 对于任何非负函数 $\phi \in L^1(\mathbb{R}^+)$, 可以通过式 (2.17) 来得到式 (2.4). 因为当 $t \to \infty$ 时,

$$\frac{1}{t}\int_0^{C_0(t+1)} s\phi(s)\mathrm{d}s = \frac{1}{t}\int_0^{\sqrt{t}} s\phi(s)\mathrm{d}s + \frac{1}{t}\int_{\sqrt{t}}^{C_0(t+1)} s\phi(s)\mathrm{d}s$$
$$\leqslant t^{-\frac{1}{2}}\int_0^\infty \phi(r)\mathrm{d}r + \frac{C_0(t+1)}{t}\int_{\sqrt{t}}^\infty \phi(s)\mathrm{d}s \to 0,$$

但是式 (2.4) 的收敛速率依赖于 ϕ, 在某些特殊情况下可能因为收敛得太慢而无法得到 $v_i(t)$ 的收敛性. 例如, 当 $\phi(r) = (r+2)^{-1}\log^{-2}(r+2) \in L^1$ 时, 对 $\forall t \geqslant 1$, 有 $\frac{1}{t}\int_0^{C_0(t+1)} s\phi(s)\mathrm{d}s \leqslant C\log^{-2}(t+2)$. 由式 (2.17), 仅可以得到 $\sum |v_i - x_i/t|^2 \leqslant C\log^{-2}(t+2)$. 所以, 此时不能使用引理 2.1 来得到 $v_i(t)$ 的收敛性.

2.3 碰撞避免

除给出一种新型渐近行为外，命题 2.1 还可用于实现智能体之间的避免碰撞.

引理 2.3 假设初值 (x^{in}, v^{in}) 是无碰撞的. 若存在一个正函数 Φ 使得 $\Phi'(r) = -r\phi(r)$ 且 $\lim_{r \to 0} \Phi(r) = \infty$，则 C-S 模型的解就能完全避免碰撞.

证明 由式 (2.9) 可知，对 $\forall t \geqslant 0$，有

$$\frac{1}{N} \sum_{i=1}^{N} \sum_{j \neq i} \Phi(|x_i - x_j|)$$

$$\leqslant 2\alpha^{-1} \|x^{in}\|^2 + 2\alpha \|v^{in}\|^2 + (N-1)\Phi\left(\min_{i \neq j} |x_{i0} - x_{j0}|\right).$$

利用 $\alpha > 0$ 的任意性，可以得到，对 $1 \leqslant i \neq j \leqslant N$ 和 $\forall t > 0$，有

$$\Phi(|x_i(t) - x_j(t)|) \leqslant N(N-1)\Phi(\min_{i \neq j} |x_{i0} - x_{j0}|) + 4N\|x^{in}\|\|v^{in}\|. \tag{2.18}$$

由于 $\lim_{r \to 0} \Phi(r) = \infty$，存在一个正常数 δ，它依赖于 $4N\|x^{in}\|\|v^{in}\| + N(N-1)\Phi(\min_{i \neq j}|x_{i0} - x_{j0}|)$，使得当 $r < \delta$ 时，

$$\Phi(r) > 4N\|x^{in}\|\|v^{in}\| + N(N-1)\Phi(\min_{i \neq j}|x_{i0} - x_{j0}|),$$

因此，对 $1 \leqslant i \neq j \leqslant N$ 和 $\forall t > 0$，有 $|x_i(t) - x_j(t)| \geqslant \delta$. □

引理 2.3 对具有某些奇异通信权重的 C-S 模型有效. 以 $\phi(r) = Kr^{-\beta}$ 为例，当 $\beta > 2$ 时，根据该引理可立即得到智能体之间的最小距离. 当 $\beta \in [1,2]$ 时，在某些特殊情况下也能实现完全碰撞避免.

定理 2.2 令 $\phi(r) = r^{-\beta}$，假设初值 (x^{in}, v^{in}) 是无碰撞的，当满足以下条件之一时，由模型 (1.2) 和条件 (1.3) 给出的 C-S 模型就能避免碰撞：

(i) $\beta > 2$;

(ii) $\beta \geqslant 1$ 且 $N = 2$;

(iii) $\beta \geqslant 1$ 且维度 $D = 1$.

证明 第一种情形：当 $\beta > 2$ 时，由引理 2.3 可得系统能避免碰撞. 并且由式 (2.18) 可知，对 $1 \leqslant i \neq j \leqslant N$ 和 $\forall t \geqslant 0$，有

$$\frac{1}{|x_i - x_j|^{\beta-2}} \leqslant 4(\beta-2)N\|x^{in}\|\|v^{in}\| + \frac{N(N-1)}{\min_{i \neq j}|x_{i0} - x_{j0}|^{\beta-2}}. \tag{2.19}$$

因此，存在一个仅依赖于 $\beta, N, \|x^{in}\|, \|v^{in}\|$ 以及 $\min\limits_{i\neq j}|x_{i0} - x_{j0}|$ 的正常数 d，使得下述不等式成立：

$$\inf_{t \geqslant 0}|x_i(t) - x_j(t)| \geqslant d, \quad 1 \leqslant i \neq j \leqslant N.$$

第二种情形：令 $y = x_1 - x_2$ 及 $w = v_1 - v_2$. 那么由模型 (1.2) 可知

$$\begin{cases} \dot{y} = w, \\ \dot{w} = -\dfrac{w}{|y|^\beta}, \\ y(0) = y_0, \quad w(0) = w_0, \end{cases} \quad (2.20)$$

其中 $y_0 = x_{10} - x_{20}$ 且 $w_0 = v_{10} - v_{20}$. 后述证明的关键在于以下不等式：

$$\frac{\mathrm{d}}{\mathrm{d}t}\frac{y \cdot w}{|y|} = \frac{|y|^2|w|^2 - (y \cdot w)^2}{|y|^3} - \frac{y \cdot w}{|y|^{\beta+1}} \geqslant -\frac{y \cdot w}{|y|^{\beta+1}}. \quad (2.21)$$

由于 $|y|^2|w|^2 - (y \cdot w)^2 \geqslant 0$，因此，

$$\frac{y(t) \cdot w(t)}{|y(t)|} - \frac{y_0 \cdot w_0}{|y_0|} \geqslant \begin{cases} \dfrac{1}{\beta - 1}\left(\dfrac{1}{|y(t)|^{\beta-1}} - \dfrac{1}{|y_0|^{\beta-1}}\right), & \beta > 1; \\ \log|y_0| - \log|y(t)|, & \beta = 1. \end{cases} \quad (2.22)$$

再次使用式 (2.20)，可以得到 $|w| \leqslant |w_0|$. 将它与式 (2.22) 结合，可得

$$|y(t)| \geqslant \begin{cases} \left(\dfrac{|y_0|^{\beta-1}}{1 + 2(\beta-1)|w_0||y_0|^{\beta-1}}\right)^{\frac{1}{\beta-1}}, & \beta > 1; \\ |y_0|\exp\{-2|w_0|\}, & \beta = 1. \end{cases} \quad (2.23)$$

因此，x_1 和 x_2 在 $[0,\infty)$ 区间内不会发生碰撞，并且存在依赖于 $\beta, |x_{10} - x_{20}|$, $|v_{10} - v_{20}|$ 的正常数 d，使得

$$\inf_{t \geqslant 0}|x_1(t) - x_2(t)| \geqslant d.$$

第三种情形：在文献 [4] 中已经证明了在任意有限时间区间内避免碰撞的情况. 我们利用这一思路来证明一维模型在 $[0,\infty)$ 区间内的碰撞避免情况. 不失一般性，假设对 $\forall t \in [0,\infty)$，都有 $x_i(t) < x_{i+1}(t)$. 现在，假设在 $[0,\infty)$ 区间内，智

能体 $x_k, x_{k+1}, \cdots, x_m$ 之间存在碰撞,而其他智能体(如果存在的话)与它们不会发生碰撞. 也就是说,

$$\inf_{t \geqslant 0} (x_m(t) - x_k(t)) = 0, \tag{2.24}$$

并且存在一个正常数 δ,使得对 $\forall t \geqslant 0$,有

$$x_{m+1}(t) - x_m(t) \geqslant \delta, \quad x_k(t) - x_{k-1}(t) \geqslant \delta. \tag{2.25}$$

由于是一维的情况,与式 (2.21) 类似,只需要计算 $\dfrac{\mathrm{d}}{\mathrm{d}t}(v_m(t) - v_k(t))$. 由模型 (1.2) 可知,对 $\forall t \geqslant 0$,有

$$\begin{aligned}
&v_m(t) - v_k(t) - (v_{m0} - v_{k0}) \\
&= \int_0^t \left(\frac{1}{N} \sum_{i \neq m} \frac{v_i(s) - v_m(s)}{|x_i(s) - x_m(s)|^\beta} \right) \mathrm{d}s - \\
&\quad \int_0^t \left(\frac{1}{N} \sum_{i \neq k} \frac{v_i(s) - v_k(s)}{|x_i(s) - x_k(s)|^\beta} \right) \mathrm{d}s.
\end{aligned} \tag{2.26}$$

通过直接积分和式 (2.25),得到

$$\begin{aligned}
&\int_0^t \left(\frac{1}{N} \sum_{i \neq m} \frac{v_i(s) - v_m(s)}{|x_i(s) - x_m(s)|^\beta} \right) \mathrm{d}s \\
&= \frac{1}{N} \sum_{i=1}^{m-1} \frac{(x_m - x_i)^{1-\beta}}{\beta - 1} - \frac{1}{N} \sum_{i=1}^{m-1} \frac{(x_{m0} - x_{i0})^{1-\beta}}{\beta - 1} - \\
&\quad \frac{1}{N} \sum_{i=m+1}^{N} \frac{(x_i - x_m)^{1-\beta}}{\beta - 1} + \frac{1}{N} \sum_{i=m+1}^{N} \frac{(x_{i0} - x_{im})^{1-\beta}}{\beta - 1} \\
&\geqslant \frac{m-k}{N} \frac{(x_m - x_k)^{1-\beta}}{\beta - 1} - \frac{N-m}{N} \frac{\delta^{1-\beta}}{\beta - 1} - \frac{1}{N} \sum_{i=1}^{m-1} \frac{(x_{m0} - x_{i0})^{1-\beta}}{\beta - 1}.
\end{aligned}$$

类似地,

$$\begin{aligned}
&-\int_0^t \left(\frac{1}{N} \sum_{i \neq k} \frac{v_i(s) - v_k(s)}{|x_i(s) - x_k(s)|^\beta} \right) \mathrm{d}s \\
&\geqslant \frac{m-k}{N} \frac{(x_m - x_k)^{1-\beta}}{\beta - 1} - \frac{k-1}{N} \frac{\delta^{1-\beta}}{\beta - 1} - \frac{1}{N} \sum_{i=k+1}^{N} \frac{(x_{i0} - x_{k0})^{1-\beta}}{\beta - 1}.
\end{aligned}$$

将上述两个估计式与式 (2.26) 结合，可以得出：对 $\forall t \geqslant 0$，有

$$\frac{(x_m - x_k)^{1-\beta}}{\beta - 1} \leqslant C,$$

这与式 (2.24) 矛盾. 因此，在这种情况下，模型能够避免碰撞，也就是说，

$$\inf_{t \geqslant 0} |x_i(t) - x_j(t)| > 0, \quad 1 \leqslant i \neq j \leqslant N. \qquad \square$$

附注 2.3 对于上述前两种情形，证明实际上得到了智能体之间最小距离的精确的正下界. 由式 (2.19) 和式 (2.23) 可知，通过设计初始数据可以对最小距离进行调整. 在文献 [4] 中，作者表明如果初始距离大于 δ，那么最小距离就大于 δ. 因此，对于任意初始数据，进一步得到了参数 $\delta > 0$ 来调整最小距离，但通信权重 $|x_i - x_j|^{-\beta}$ 应增强为 $(|x_i - x_j| - \delta)^{-\beta}$. 在文献 [15-17] 中，通过在模型 (1.2) 的右侧添加诸如 $\sum(|x_i - x_j| - \delta)^{-p}(x_i - x_j)$ 这样的排斥力，也得到了类似的结果.

2.4 数值模拟示例

下面使用 3 个数值示例来阐释我们的理论结果，它们都含有 10 个智能体，且智能体在一条直线上运动. 尽管具有一般初值的短程通信权重下的 C-S 模型不存在群集行为，但有 $\sum |v_i - x_i/t|^2 \to 0$. 图 2-1 和图 2-2 描绘了在不同通信权重下的这种渐近行为，它们分别对应附注 2.1 和定理 2.1 中的式 (2.13). 这些图还展示了短程通信权重下的 C-S 模型的多族群现象. 图 2-3 专门用于描述定理 2.2 的内容：对于某些奇异的短程通信权重下的 C-S 模型，避免碰撞是成立的.

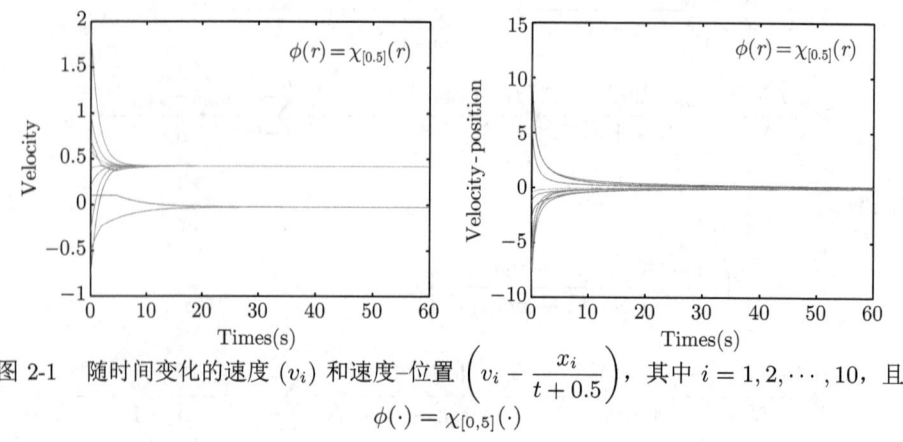

图 2-1 随时间变化的速度 (v_i) 和速度-位置 $\left(v_i - \dfrac{x_i}{t+0.5}\right)$，其中 $i = 1, 2, \cdots, 10$，且 $\phi(\cdot) = \chi_{[0,5]}(\cdot)$

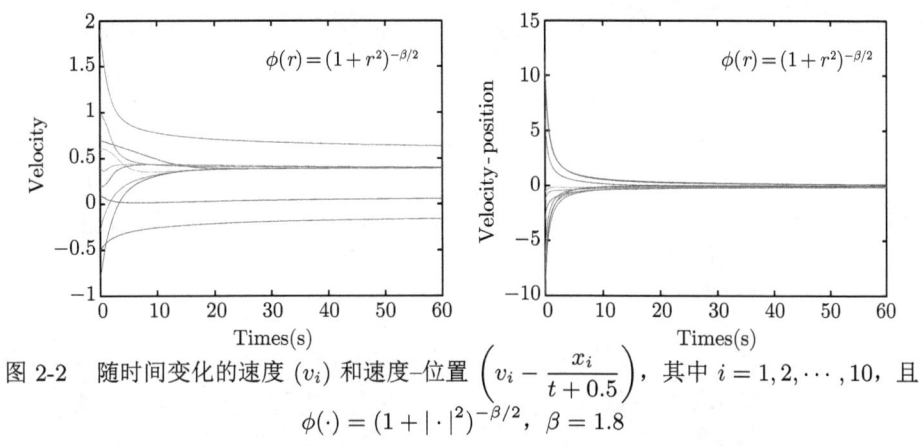

图 2-2　随时间变化的速度 (v_i) 和速度-位置 $\left(v_i - \dfrac{x_i}{t+0.5}\right)$, 其中 $i = 1, 2, \cdots, 10$, 且 $\phi(\cdot) = (1 + |\cdot|^2)^{-\beta/2}$, $\beta = 1.8$

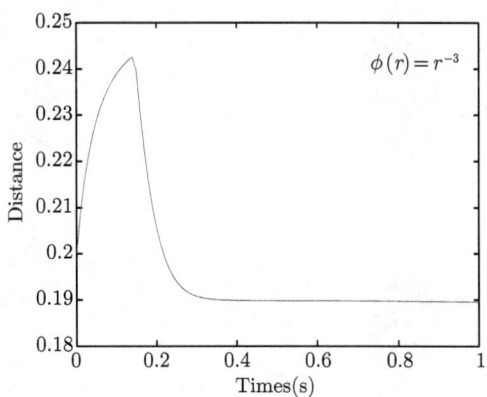

图 2-3　随时间变化的距离函数 $D = \inf\{|x_i - x_j|, 1 \leqslant i \neq j \leqslant 10\}$, 其中 $\phi(\cdot) = |\cdot|^{-3}$

对一般的 C-S 模型, 我们建立了一个关于二阶速度-空间矩 $\sum |v_i - x_i/t|^2$ 的新的基本等式, 其中并不要求通信权重 ϕ 是递减的. 在短程通信权重下的 C-S 模型中, 对一般的初始数据不存在群集行为, 但可以利用这个等式来证明 $\sum |v_i - x_i/t|^2 \to 0$ 并计算收敛速度. 由于在这种情况下智能体之间的相互影响被严重削弱, 每个智能体往往会按照自己的方式运动, 因此从理论角度来看, 这种新的渐近行为是很自然的. 此外, 它为进一步研究多簇现象展示了一些潜在的应用. 例如, 具体地考虑了通信权重为 $\phi(r) = (1+r^2)^{-\beta/2}$ 和 $\phi(r) = r^{-\beta}$ ($\beta > 1$) 的 C-S 模型. 最后, 对某些奇异的短程通信权重下的 C-S 模型, 证明了其能避免碰撞.

第 3 章

Cucker-Smale 模型的非群集行为

在短程通信的情形下，通过数值模拟常常能观察到系统并不存在群集行为. 本章将从理论角度推导出在此情形下群集行为不存在的一个一般充分条件，也就是说建立群集行为的必要条件.

3.1 节首先指出群集行为不存在这一情况等价于二阶空间矩无界，即 $\sup_t \sum |x_i(t) - x_j(t)|^2 = \infty$，然后给出一个关于群集行为不存在的简单充分条件. 3.2 节通过求二阶导数然后进行积分运算，建立了一个关于 $\sum |x_i(t) - x_j(t)|$ 的关键等式. 3.3 节利用这个等式以及相关的技术引理推导出关于群集行为不存在的一个一般充分条件. 3.4 节提供了数值模拟以验证结果的有效性.

3.1 非群集行为的充分条件

条件 (1.10) 是使模型 (1.2) 呈现群集行为的初始条件的一个充分条件，这意味着条件 (1.10) 的反面是群集行为不存在的一个必要条件. 我们致力于找出在具有短程通信权重的情况下，群集行为不存在的一个一般充分条件. 在这种情形下，式 (2.1) 很有效. 实际上，由式 (2.1) 已经确定了：对 $0 \leqslant \phi \in L^1(\mathbb{R}^+)$，有

$$\sum_{i=1}^{N} |v_i(t) - x_i(t)/t|^2 \longrightarrow 0, \quad t \to \infty. \tag{3.1}$$

由 $x_c(t), v_c$ 的定义，式 (3.1) 等价于

$$\sum_{i=1}^{N} \left| v_i(t) - v_c - \frac{x_i(t) - x_c(t)}{t} \right|^2 \longrightarrow 0, \quad t \to \infty. \tag{3.2}$$

然后，有如下引理.

引理 3.1 令 ϕ 为非负且可积的. 模型 (1.2) 存在群集行为当且仅当 $\sup\limits_{t\geqslant 0}\sum |x_i(t)-x_c(t)|^2<\infty$. 换句话说，群集行为不存在当且仅当

$$\sup_{t\geqslant 0}\sum |x_i(t)-x_c(t)|^2=\infty.$$

当不存在群集行为时，根据聚集的定义以及引理 3.1，存在以下两种情况：

(1) $\sup\limits_{t\geqslant 0}\sum |x_i(t)-x_c(t)|^2=\infty$ 且 $\sum |v_i(t)-v_c|^2\to 0$；

(2) $\sum |v_i(t)-v_c|^2\not\to 0$.

下面说明 $\sum |v_i(t)-v_c|^2\not\to 0$ 的意思. 由式 (1.6) 可知 $\sum |v_i-v_c|^2$ 是递减的，所以存在一个 $c_0>0$，使得 $\sum |v_i(t)-v_c|^2\to c_0$. 然后由式 (3.2) 可推出：对足够大的 t，有

$$t^{-2}\sum |x_i(t)-x_c(t)|^2$$

$$\geqslant \sum |v_i(t)-v_c|^2-\sum\left|v_i(t)-v_c-\frac{x_i(t)-x_c(t)}{t}\right|^2\geqslant c_0/2. \quad (3.3)$$

所以 $\sum |v_i(t)-v_c|^2\not\to 0$ 能够推出 $\sum |x_i(t)-x_c(t)|^2\geqslant Ct^2$. 反之亦然.

附注 3.1 设 ϕ 为非负且可积，若对充分大的 t，有 $\sum |x_i(t)-x_c(t)|^2\geqslant Ct^2$，则 $\sum |v_i(t)-v_c|^2\not\to 0$.

现在，利用等式 (2.1) 来推导出群集行为不存在的一个充分条件. 首先，需要如下引理，该引理是空间矩 $\sum |x_i(t)-x_c(t)|^2$ 与速度-空间矩

$$\sum\left|v_i(t)-v_c-\frac{x_i(t)-x_c(t)}{t+\alpha}\right|^2$$

之间的一座桥梁.

引理 3.2 令 $\{(x_i,v_i)\}_{i=1}^N$ 是模型 (1.2) 的一个全局解. 那么，对 $\forall \epsilon>0$ 和 $\forall \alpha>0$，有

$$\frac{(1+\epsilon)\alpha^2}{(t+\alpha)^2}|x_i(t)-x_c(t)|^2$$

$$\geqslant |x_{i0}-x_c|^2-\alpha(1+1/\epsilon)\int_0^t\left|v_i(s)-v_c-\frac{x_i(s)-x_c(s)}{s+\alpha}\right|^2 ds. \quad (3.4)$$

证明 为了简便起见，对任意 i，记

$$v_i(t)-v_c-\frac{x_i(t)-x_c(t)}{t+\alpha}=g_i(t).$$

通过求解常微分方程：

$$\frac{\mathrm{d}}{\mathrm{d}t}(x_i(t) - x_c(t)) - \frac{x_i(t) - x_c(t)}{t + \alpha} = g_i,$$

得到

$$x_i(t) - x_c(t) = \frac{t + \alpha}{\alpha}(x_{i0} - x_c) + (t + \alpha)\int_0^t \frac{g_i(s)}{s + \alpha}\mathrm{d}s. \tag{3.5}$$

注意，对 $\forall a, b \in \mathbb{R}^d$，有如下基本不等式：

$$|a + b|^2 = |a|^2 + |b|^2 + 2a \cdot b \leqslant (1 + \epsilon)|a|^2 + (1 + \epsilon^{-1})|b|^2,$$

其中 ϵ 可以是任意正常数. 因此，由式 (3.5) 以及上述不等式，有

$$\left|\frac{t + \alpha}{\alpha}(x_{i0} - x_c)\right|^2$$

$$= \left|x_i(t) - x_c(t) - (t + \alpha)\int_0^t \frac{g_i(s)}{s + \alpha}\mathrm{d}s\right|^2$$

$$\leqslant (1 + \epsilon)|x_i(t) - x_c(t)|^2 + (1 + 1/\epsilon)\left|(t + \alpha)\int_0^t \frac{g_i(s)}{s + \alpha}\mathrm{d}s\right|^2$$

$$\leqslant (1 + \epsilon)|x_i(t) - x_c(t)|^2 + (1 + 1/\epsilon)\frac{(t + \alpha)^2}{\alpha}\int_0^t |g_i(s)|^2\mathrm{d}s,$$

其中最后一个不等式是由 Hölder 不等式得到的. 通过上式，最终证明了式 (3.4). □

然后，通过选取一个足够大的 ϵ 以及一个合适的 α，我们利用命题 2.1 和引理 3.2 推导出以下结果.

定理 3.1 令 $\{(x_i, v_i)\}_{i=1}^N$ 是模型 (1.2) 的一个全局解. 假设 ϕ 是非负的、有界的，并且 $r\phi(r) \in L^1$. 如果初始条件满足：

$$\sum_{i=1}^N (x_{i0} - x_c) \cdot (v_{i0} - v_c) > \frac{1}{2N}\sum_{i=1}^N \sum_{j \neq i} \int_{|x_{i0} - x_{j0}|}^\infty r\phi(r)\mathrm{d}r, \tag{3.6}$$

那么就不存在群集行为.

证明 由于 $\{(x_i, v_i)\}_{i=1}^N$ 是模型 (1.2) 的一个全局解，那么 $\{(x_i(t) - x_c(t), v_i(t) - v_c)\}_{i=1}^N$ 同样也是模型 (1.2) 的一个全局解. 式 (2.1) 对 $(x_i(t) - x_c(t), v_i(t) - v_c)$ 也成立. 因此，

$$\int_0^t \sum_{i=1}^N \left|v_i(s) - v_c - \frac{x_i(s) - x_c(s)}{s + \alpha}\right|^2 \mathrm{d}s +$$

$$\int_0^t \frac{s+\alpha}{N} \sum_{i=1}^N \sum_{j\neq i} |v_i - v_j|^2 \phi(|x_j - x_i|) \mathrm{d}s$$

$$\leqslant \alpha \sum_{i=1}^N \left| v_{i0} - v_c - \frac{x_{i0} - x_c}{\alpha} \right|^2 + \frac{1}{N} \sum_{i=1}^N \sum_{j\neq i} \int_{|x_{i0}-x_{j0}|}^\infty r\phi(r) \mathrm{d}r.$$

由引理 3.2 以及等式 (2.1) 可推出

$$\frac{(1+\epsilon)\alpha^2}{(t+\alpha)^2} \sum_{i=1}^N |x_i(t) - x_c(t)|^2$$

$$\geqslant \sum_{i=1}^N |x_{i0} - x_c|^2 - \alpha(1+1/\epsilon) \int_0^t \sum_{i=1}^N \left| v_i(s) - v_c - \frac{x_i(s) - x_c(s)}{s+\alpha} \right|^2 \mathrm{d}s$$

$$\geqslant \sum_{i=1}^N |x_{i0} - x_c|^2 - (1+1/\epsilon) \left[\alpha^2 \sum_{i=1}^N \left| v_{i0} - v_c - \frac{x_{i0} - x_c}{\alpha} \right|^2 + \right.$$

$$\left. \frac{\alpha}{N} \sum_{i=1}^N \sum_{j\neq i} \int_{|x_{i0}-x_{j0}|}^\infty r\phi(r) \mathrm{d}r \right].$$

因此，如果存在 $\alpha > 0$ 使得

$$\sum_{i=1}^N |x_{i0} - x_c|^2$$

$$> \alpha^2 \sum_{i=1}^N \left| v_{i0} - v_c - \frac{x_{i0} - x_c}{\alpha} \right|^2 + \frac{\alpha}{N} \sum_{i=1}^N \sum_{j\neq i} \int_{|x_{i0}-x_{j0}|}^\infty r\phi(r) \mathrm{d}r, \quad (3.7)$$

那么可以选择足够大的 ϵ 来得到 $\sum_{i=1}^N |x_i(t) - x_c(t)|^2 \to \infty$. 条件 (3.7) 等价于

$$\alpha^2 \sum_{i=1}^N |v_{i0} - v_c|^2 - 2\alpha \sum_{i=1}^N (v_{i0} - v_c) \cdot (x_{i0} - x_c) +$$

$$\frac{2\alpha}{2N} \sum_{i=1}^N \sum_{j\neq i} \int_{|x_{i0}-x_{j0}|}^\infty r\phi(r) \mathrm{d}r < 0.$$

当初始条件满足式 (3.6)，上述不等式和式 (3.7) 对某个 $\alpha > 0$ 成立. □

附注 3.2 (i) 在上述证明中，实际上得到，对足够大的 t，有 $\sum |x_i(t) - x_c(t)|^2 \geqslant Ct^2$. 因此，根据附注 3.1 可知 $\sum |v_i(t) - v_c|^2 \not\to 0$.

(ii) 群集行为不存在意味着在整个群体 $\{1,2,\cdots,N\}$ 中存在非群集情况. 实际上, 定理 3.1 中的方法可用于证明在某些初始条件下, 在一个较小的群体中也存在非群集情况. 首先, 可以按照引理 3.2 中的方法得到

$$\frac{(1+\epsilon)\alpha^2}{(t+\alpha)^2}|x_i(t)-x_j(t)|^2$$
$$\geqslant |x_{i0}-x_{j0}|^2 - \alpha(1+1/\epsilon)\int_0^t \left|v_i(s)-v_j(s)-\frac{x_i(s)-x_j(s)}{s+\alpha}\right|^2 \mathrm{d}s.$$

然后, 对 $\forall S \subsetneq \{1,2,\cdots,N\}$, 有

$$\frac{(1+\epsilon)\alpha^2}{(t+\alpha)^2}\sum_{i,j\in S}|x_i(t)-x_j(t)|^2$$
$$\geqslant \sum_{i,j\in S}|x_{i0}-x_{j0}|^2 - \alpha(1+1/\epsilon)\int_0^t \sum_{i=1}^N\sum_{j\neq i}\left|v_i-v_j-\frac{x_i-x_j}{s+\alpha}\right|^2 \mathrm{d}s.$$

将上述不等式与式 (3.7) 相结合, 对于某些初始条件, 能够得到

$$\sum_{i,j\in S}|x_i(t)-x_j(t)|^2 \to \infty,$$

这意味着在集合 S 中存在非群集行为.

然而, 如果关注群集行为不存在这一情况, 定理 3.1 中的条件 (3.6) 就太强了. 即便通信非常微弱, 使条件 (3.6) 右边的值很小, 但 $\sum(v_{i0}-v_c)\cdot(x_{i0}-x_c)$ 至少也应该是正数. 因为 $2(v_{i0}-v_c)\cdot(x_{i0}-x_c)$ 是该矩在 $t=0$ 时的导数, 所以空间矩 $\sum|x_i(t)-x_c(t)|^2$ 在初始时是增加的.

3.2 二阶空间矩

现在建立一个关于 $\sum|x_i(t)-x_c(t)|^2$ 的等式, 由此可以对条件 (3.6) 有更好的解释.

命题 3.1 设 $\{(x_i,v_i)\}_{i=1}^N$ 是模型 (1.2) 的一个全局解. 那么,

$$\frac{\mathrm{d}}{\mathrm{d}t}\left(\frac{1}{2}\sum_{i=1}^N|x_i(t)-x_c(t)|^2\right)$$
$$=\int_0^t \sum_{i=1}^N|v_i(s)-v_c|^2 \mathrm{d}s + \sum_{i=1}^N(x_{i0}-x_c)\cdot(v_{i0}-v_c) -$$

$$\frac{1}{2N}\sum_{i=1}^{N}\sum_{j\neq i}\int_{|x_{i0}-x_{j0}|}^{|x_i(t)-x_j(t)|} r\phi(r)\mathrm{d}r.$$

证明 先计算 $\frac{\mathrm{d}^2}{\mathrm{d}t^2}\sum|x_i(t)-x_c(t)|^2$，再在区间 $(0,t)$ 上进行积分. 由模型 (1.2) 可得

$$\frac{\mathrm{d}^2}{\mathrm{d}t^2}\left(\frac{1}{2}\sum_{i=1}^{N}|x_i(t)-x_c(t)|^2\right)$$

$$=\frac{\mathrm{d}}{\mathrm{d}t}\sum_{i=1}^{N}(x_i(t)-x_c(t))\cdot(v_i(t)-v_c)$$

$$=\sum_{i=1}^{N}|v_i(t)-v_c|^2+\frac{1}{N}\sum_{i=1}^{N}\sum_{j\neq i}\phi(\cdot)(x_i(t)-x_c(t))\cdot(v_j(t)-v_i(t))$$

$$=\sum_{i=1}^{N}|v_i(t)-v_c|^2-\frac{1}{2N}\sum_{i=1}^{N}\sum_{j\neq i}\phi(\cdot)(x_j(t)-x_i(t))\cdot(v_j(t)-v_i(t))$$

其中 $\phi(\cdot)=\phi(|x_j(t)-x_i(t)|)$. 注意到

$$\int_0^t \phi(|x_j(s)-x_i(s)|)(x_j(s)-x_i(s))\cdot(v_j(s)-v_i(s))\mathrm{d}s$$

$$=\int_{|x_{i0}-x_{j0}|}^{|x_i(t)-x_j(t)|} r\phi(r)\mathrm{d}r,$$

于是得到了结论. □

由这个等式，结合条件 (3.6) 可知空间矩始终在增加，并且

$$\frac{\mathrm{d}}{\mathrm{d}t}\sum|x_i(t)-x_c(t)|^2\geqslant C>0 \tag{3.8}$$

对任意 $t\geqslant 0$ 都成立. 但更合理的情况是式 (3.8) 仅对足够大的 t 成立. 基于命题 3.1 以及其他一些技术估计，能够实现这一目标，并得到一个比条件 (3.6) 更好的充分条件.

3.3 非群集行为的一般充分条件

在给出主要定理之前，需要如下引理，它的证明已经包含在第 2 章中.

引理 3.3 令 $\{(x_i,v_i)\}_{i=1}^N$ 是模型 (1.2) 的一个全局解. 假设 ϕ 是非负的、有界的，并且 $r\phi(r)\in L^1$. 那么，对 $\forall i$，有 $v_i^*:=\lim\limits_{t\to\infty}v_i(t)$ 存在，并且

$$\sum_{i=1}^N|v_i(t)-v_i^*|^2\leqslant Ct^{-1},\quad t>0.$$

定理 3.2 令 $\{(x_i,v_i)\}_{i=1}^N$ 是模型 (1.2) 的一个全局解. 假设 ϕ 是非负的、有界的，并且 $r\phi(r)\in L^1$. 如果初始条件满足:

$$\frac{1}{2\|\phi\|_{L^\infty}}\sum_{i=1}^N|v_{i0}-v_c|^2-\frac{1}{2N}\sum_{i=1}^N\sum_{j\neq i}\int_{|x_{i0}-x_{j0}|}^\infty r\phi(r)\mathrm{d}r+$$
$$\sum_{i=1}^N(x_{i0}-x_c)\cdot(v_{i0}-v_c)>0,\tag{3.9}$$

则不存在群集行为. 如果进一步假设:

$$\frac{1}{4\|\phi\|_{L^\infty}}\sum_{i=1}^N|v_{i0}-v_c|^2-\frac{1}{2N}\sum_{i=1}^N\sum_{j\neq i}\int_{|x_{i0}-x_{j0}|}^\infty r\phi(r)\mathrm{d}r+$$
$$\sum_{i=1}^N(x_{i0}-x_c)\cdot(v_{i0}-v_c)>0,\tag{3.10}$$

那么 $\sum\limits_{i=1}^N|v_i(t)-v_c|^2\not\to 0$.

证明 首先，证明

$$\int_0^t\sum_{i=1}^N|v_i(t)-v_c|^2\mathrm{d}s\geqslant\sum_{i=1}^N|v_{i0}-v_c|^2\frac{1-\exp\{-2\|\phi\|_{L^\infty}t\}}{2\|\phi\|_{L^\infty}}.$$

由式 (1.6)，得到

$$\frac{\mathrm{d}}{\mathrm{d}t}\sum_{i=1}^N|v_i(t)-v_c|^2$$
$$\geqslant-\frac{\|\phi\|_{L^\infty}}{N}\sum_{i=1}^N\sum_{j\neq i}|v_i-v_j|^2=-\frac{\|\phi\|_{L^\infty}}{N}\sum_{i=1}^N\sum_{j=1}^N|(|v_i-v_c|^2+|v_j-v_c|^2)$$
$$=-2\|\phi\|_{L^\infty}\sum_{i=1}^N|v_i-v_c|^2.$$

因此, $\sum |v_i(t) - v_c|^2 \geqslant \exp\{-2\|\phi\|_{L^\infty} t\} \sum |v_{i0} - v_c|^2$. 然后在区间 $(0, t)$ 上进行积分, 得到了其下界估计. 将命题 3.1 与该下界估计相结合, 可以得到

$$\frac{\mathrm{d}}{\mathrm{d}t}\left(\frac{1}{2}\sum_{i=1}^N |x_i(t) - x_c(t)|^2\right)$$

$$\geqslant \sum_{i=1}^N |v_{i0} - v_c|^2 \frac{1 - \exp\{-2\|\phi\|_{L^\infty} t\}}{2\|\phi\|_{L^\infty}} + \sum_{i=1}^N (x_{i0} - x_c) \cdot (v_{i0} - v_c) -$$

$$\frac{1}{2N}\sum_{i=1}^N \sum_{j\neq i} \int_{|x_{i0} - x_{j0}|}^\infty r\phi(r)\mathrm{d}r.$$

因此, 如果式 (3.9) 成立, 那么存在 $C > 0$, 使得对足够大的 t, 有

$$\frac{\mathrm{d}}{\mathrm{d}t}\left(\sum |x_i(t) - x_c(t)|^2\right) \geqslant C,$$

这就导致 $\sum_{i=1}^N |x_i(t) - x_c(t)|^2 \to \infty$.

现在, 证明第二个结论. 一方面, 由不等式 (3.7) 有

$$\int_0^t \frac{s+\alpha}{N} \sum_{i=1}^N \sum_{j\neq i} |v_i - v_j|^2 \phi(|x_j - x_i|)\mathrm{d}s$$

$$\leqslant \alpha \sum_{i=1}^N \left|v_{i0} - v_c - \frac{x_{i0} - x_c}{\alpha}\right|^2 + \frac{1}{N}\sum_{i=1}^N \sum_{j\neq i} \int_{|x_{i0} - x_{j0}|}^\infty r\phi(r)\mathrm{d}r.$$

另一方面, 由式 (1.6) 可以对 $(t+\alpha)\sum |v_i - v_c|^2$ 求导, 然后

$$(t+\alpha)\sum_{i=1}^N |v_i - v_c|^2 + \int_0^t \frac{s+\alpha}{N}\sum_{i=1}^N \sum_{j\neq i} |v_i - v_j|^2 \phi(|x_j - x_i|)\mathrm{d}s$$

$$= \alpha \sum_{i=1}^N |v_{i0} - v_c|^2 + \int_0^t \sum_{i=1}^N |v_i - v_c|^2 \mathrm{d}s.$$

将上述两个不等式结合起来, 由不等式 (3.11) 可知

$$(t+\alpha)\sum_{i=1}^N |v_i - v_c|^2$$

$$\geqslant \int_0^t \sum_{i=1}^N |v_i - v_c|^2 \mathrm{d}s + \alpha \sum_{i=1}^N |v_{i0} - v_c|^2 - \alpha \sum_{i=1}^N \left| v_{i0} - v_c - \frac{x_{i0} - x_c}{\alpha} \right|^2 -$$

$$\frac{1}{N} \sum_{i=1}^N \sum_{j \neq i} \int_{|x_{i0} - x_{j0}|}^\infty r\phi(r) \mathrm{d}r$$

$$\geqslant \frac{1}{2\|\phi\|_{L^\infty}} \sum_{i=1}^N |v_{i0} - v_c|^2 + 2 \sum_{i=1}^N (v_{i0} - v_c) \cdot (x_{i0} - x_c) - \frac{\sum_{i=1}^N |x_{i0} - x_c|^2}{\alpha} -$$

$$\frac{\exp\{-2\|\phi\|_{L^\infty} t\}}{2\|\phi\|_{L^\infty}} \sum_{i=1}^N |v_{i0} - v_c|^2 - \frac{1}{N} \sum_{i=1}^N \sum_{j \neq i} \int_{|x_{i0} - x_{j0}|}^\infty r\phi(r) \mathrm{d}r.$$

因此，如果条件 (3.10) 成立，可以选取一个足够大的 α 使得对足够大的 t，有

$$\sum_{i=1}^N |v_i(t) - v_c|^2 \geqslant C(t + \alpha)^{-1}.$$

然后利用命题 3.1 得到：对足够大的 t，有

$$\sum_{i=1}^N |x_i(t) - x_c(t)|^2 \geqslant Ct \log(t + \alpha). \tag{3.11}$$

然而，如果假设对 $\forall i$，都有 $v_i(t) \to v_c$，那么根据引理 3.3，可知 $|v_i(t) - v_c| \leqslant Ct^{-\frac{1}{2}}$。通过积分可以得到，对 $\forall i$，有 $|x_i(t) - x_c(t)| \leqslant Ct^{\frac{1}{2}} + |x_{i0} - x_c|$，这等价于

$$\sum_{i=1}^N |x_i(t) - x_c(t)|^2 \leqslant C(t+1). \tag{3.12}$$

显然，不等式 (3.12) 与不等式 (3.11) 相互矛盾．所以那个假设——对 $\forall i$，有 $v_i(t) \to v_c$，是不成立的．也就是说，$\sum_{i=1}^N |v_i(t) - v_c|^2 \nrightarrow 0$． □

附注 3.3 式 (3.9) 仍然是群集行为不存在的一个充分条件．通过简单计算可知，式 (3.9) 等价于

$$\frac{1}{N(N-1)} \sum_{i=1}^N \sum_{j \neq i} (x_{i0} - x_{j0}) \cdot (v_{i0} - v_{j0})$$

$$> \frac{1}{N(N-1)} \sum_{i=1}^N \sum_{j \neq i} \int_{|x_{i0} - x_{j0}|}^\infty r\phi(r) \mathrm{d}r -$$

$$\frac{1}{2N(N-1)\|\phi\|_{L^\infty}} \sum_{i=1}^{N}\sum_{j\neq i} |v_{i0} - v_{j0}|^2.$$

大致来讲，这意味着 $(x_{i0} - x_{j0}) \cdot (v_{i0} - v_{j0})$ 的平均值有一个下界，该下界可以是负数且与 N 无关. 因此，式 (3.9) 是一个相当普遍的充分条件. 在文献 [13] 的定理 3.1 中得到了另一个充分条件. 然而，在 $t=0$ 时，所有个体都应被划分成子集合，并且不同子集合中的个体之间初始速度差的最小值应当非常大，特别是当 $N \gg 1$ 时. 实际上，在文献 [13] 中，作者进一步证明了在这个很强的充分条件下每个个体都将留在其原始子集合中. 所以，这个条件在多族群问题中更有用.

3.4 数值模拟示例

要指出的是，当式 (3.9) 左边为负数甚至为零时，也可能存在群集行为. 下面给出一个例子. 令 $\phi = \chi_{[0,4\sqrt{3}]}$，且 $N=3, d=3$,

$$x_{10} = (\sqrt{3}, -1, 0), \quad v_{10} = (\sqrt{3}, -1, 1),$$
$$x_{20} = (-\sqrt{3}, -1, 0), \quad v_{20} = (-\sqrt{3}, -1, 1),$$
$$x_{30} = (0, 2, 0), \quad v_{30} = (0, 2, 1).$$

上述初始条件满足：

$$\frac{1}{2\|\phi\|_{L^\infty}} \sum_{i=1}^{N} |v_{i0} - v_c|^2 - \frac{1}{2N}\sum_{i=1}^{N}\sum_{j\neq i} \int_{|x_{i0}-x_{j0}|}^{\infty} r\phi(r)\mathrm{d}r +$$
$$\sum_{i=1}^{N} (x_{i0} - x_c) \cdot (v_{i0} - v_c) = 0, \tag{3.13}$$

并且模型 (1.2) 呈现出群集行为，如图 3-1 和图 3-2 所示.

本章研究了具有短程通信权重的 C-S 模型中群集行为不存在的情况. 首先，指出二阶空间矩 $\sum |x_i(t) - x_c(t)|^2$ 是群集行为不存在的关键. 然后，推导出 $\sum |x_i(t) - x_c(t)|^2$ 与速度–空间矩 $\sum \left|v_i(t) - v_c - \dfrac{x_i(t) - x_c(t)}{t+\alpha}\right|^2$ 之间的一个不等式. 基于此，在定理 3.1 中得出了群集行为不存在的关于初始条件的一个充分条件. 此外，建立了一个关于 $\sum |x_i(t) - x_c(t)|^2$ 的新等式，由此在定理 3.2 中推导出一些更具一般性和创新性的群集行为不存在的充分条件.

第 3 章 Cucker-Smale 模型的非群集行为

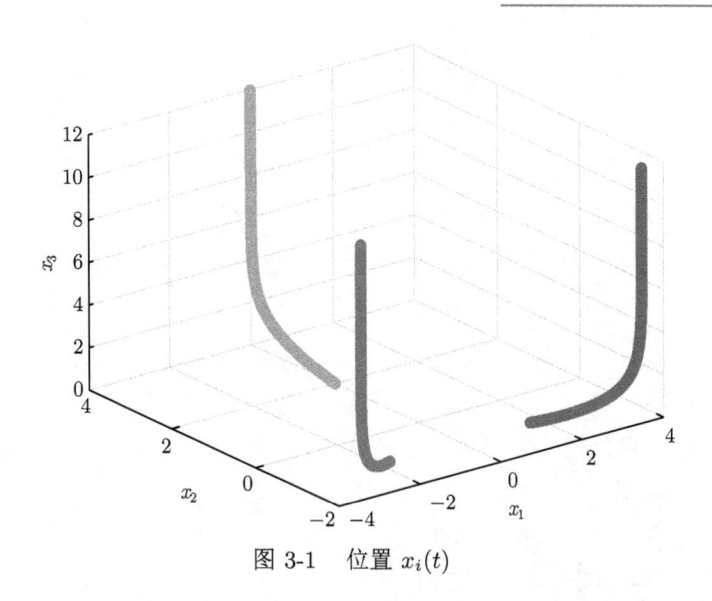

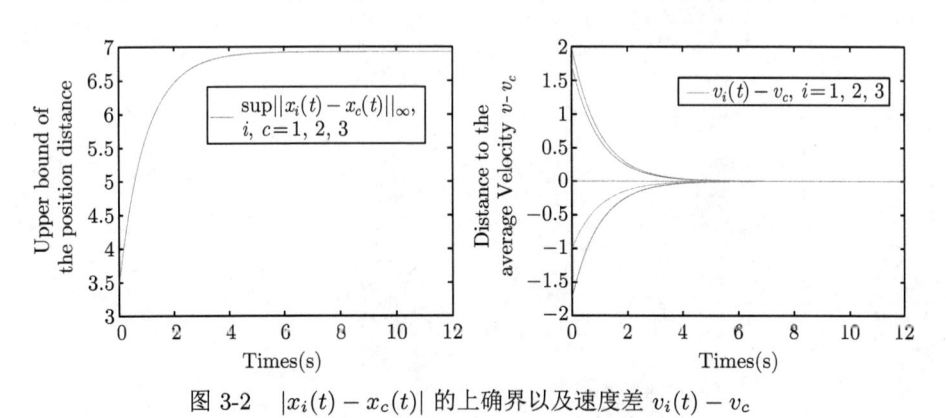

图 3-1 位置 $x_i(t)$

图 3-2 $|x_i(t) - x_c(t)|$ 的上确界以及速度差 $v_i(t) - v_c$

第 4 章

混合 Cucker-Smale 模型

在实际系统中，各智能体之间的动力学耦合可以是混合的，因此仅考虑连续时间或离散时间的 C-S 模型是不够的. 本章考虑了一种由连续时间动态智能体和离散时间动态智能体组成的混合 C-S 模型的群集行为. 4.1 节关注系统描述. 4.2 节给出了一些辅助引理来估计速度方差. 4.3 节推导了速度方差的超线性微分不等式，进而得出了混合 C-S 模型的群集行为. 4.4 节提供了数值模拟以验证结果的有效性.

4.1 混合系统描述

设 N 为智能体的数量，$(x_i(t), v_i(t)) \in \mathbb{R}^{2d}$ 表示第 i 个智能体在时刻 t 的位置和速度. 前 n 个智能体具有连续时间动力学，其余智能体具有离散时间动力学. 因此，混合多智能体系统可以描述为

$$\begin{cases} x_i'(t) = v_i(t), & 1 \leqslant i \leqslant n; \\ v_i'(t) = u_i(t), & 1 \leqslant i \leqslant n; \\ x_i(t) = x_i(t_k) + (t-t_k)v_i(t_k), & n < i \leqslant N; \\ v_i(t) = v_i(t_k) + (t-t_k)u_i(t_k), & n < i \leqslant N; \\ (x_i, v_i)(0) = (x_{i0}, v_{i0}). \end{cases} \quad (4.1)$$

其中，取 $t \in [t_k, t_{k+1})$, t_k 是离散系统中的时间节点，且 $t_{k+1} - t_k \leqslant h$. 通常，$h$ 表示离散时间模型的步长. 但在本章中，步长不是固定的，其上界假设为 h. $u_i \in \mathbb{R}$ 是第 i 个智能体的控制输入.

基于上述描述的混合多智能体系统，可以得到如下混合 C-S 模型：

$$\begin{cases} x_i'(t) = v_i(t), & 1 \leqslant i \leqslant n; \\ v_i'(t) = \dfrac{1}{N} \sum_{j=1}^{N} \phi(|x_j(t) - x_i(t)|)(v_j(t) - v_i(t)), & 1 \leqslant i \leqslant n; \\ x_i(t) = x_i(t_k) + (t - t_k)v_i(t_k), & n < i \leqslant N; \\ v_i(t) = v_i(t_k) + \dfrac{t - t_k}{N} \sum_{j=1}^{N} \phi_{ij}(t_k)(v_j(t_k) - v_i(t_k)), & n < i \leqslant N. \end{cases} \quad (4.2)$$

其中 $\phi_{ij}(t_k) = \phi(|x_j(t_k) - x_i(t_k)|)$. 记 $\varphi_{ij} := \varphi(|x_i - x_j|)$ 和 $\tilde{\varphi}_{ij} := \varphi(|\tilde{x}_i - \tilde{x}_j|)$. 由于总是在 $[t_k, t_{k+1})$ 区间内进行研究, 可以使用符号 ~ 来表示变量在时刻 t_k 的值, 即 $\tilde{x}_i := x_i(t_k)$, $\tilde{v}_i := v_i(t_k)$. 现在把通信权重 $\phi : \mathbb{R}_+ \to \mathbb{R}^+$ 假设为 Lipschitz 连续、非负的. 为简便起见, 进一步假设:

$$0 < \phi \leqslant 1, \quad \phi' \in [-1, 1], \quad (4.3)$$

并且定义 $\phi_{ij} := \phi(|x_i - x_j|)$ 和 $\tilde{\phi}_{ij} := \phi(|\tilde{x}_i - \tilde{x}_j|)$.

进而, 混合 C-S 模型可以写为

$$\begin{cases} x_i' = v_i, & 1 \leqslant i \leqslant n; \\ v_i' = \dfrac{1}{N} \sum_{j=1}^{N} \phi_{ij}(v_j - v_i), & 1 \leqslant i \leqslant n; \\ x_i = \tilde{x}_i + \tilde{v}_i \cdot (t - t_k), & n < i \leqslant N; \\ v_i = \tilde{v}_i + \dfrac{t - t_k}{N} \sum_{j=1}^{N} \tilde{\phi}_{ij}(\tilde{v}_j - \tilde{v}_i), & n < i \leqslant N. \end{cases} \quad (4.4)$$

设 (x_c, v_c) 为时间 t 时的平均位置和平均速度. 在经典的 C-S 模型中, $\dfrac{\mathrm{d}}{\mathrm{d}t} v_c(t) \equiv 0$. 因此, $v_c(t)$ 是一个常数, 这大大简化了计算. 但在混合 C-S 模型 (4.4) 中, $v_c(t)$ 的导数通常不等于零.

4.2 速度方差

速度方差在混合模型的群集行为中起着关键作用, 因此本节给出两个辅助引理来计算它. 为了方便, 定义速度方差如下:

$$V(t) := \sum_{i=1}^{N} |v_i(t) - v_c(t)|^2.$$

注意, 在本章中, 始终考虑模型 (4.4) 的经典解. 对于连续时间智能体, 它是一个光滑解, 即连续可微解. 对于离散时间智能体, 它是一个分段光滑解.

引理 4.1 设 $\{(x_i, v_i)\}_{i=1}^{N}$ 是模型 (4.4) 的一个经典解. 假设通信权重函数满足条件 (4.3), 则

$$\sum_{i=1}^{N} |\tilde{v}_i - v_i|^2 \leqslant 4(t - t_k)^2 \sup_{s \in [t_k, t]} V(s), \quad t \in [t_k, t_{k+1}).$$

证明 根据模型 (4.4) 可得

$$\sum_{i=1}^{N} |\tilde{v}_i - v_i|^2 = \sum_{i=1}^{n} |\tilde{v}_i - v_i|^2 + \sum_{i=n+1}^{N} |\tilde{v}_i - v_i|^2$$

$$= \sum_{i=1}^{n} \left(\int_{t_k}^{t} v_i'(s) \mathrm{d}s \right)^2 + \sum_{i=n+1}^{N} \left(\frac{t - t_k}{N} \sum_{j=1}^{N} \tilde{\phi}_{ij}(\tilde{v}_j - \tilde{v}_i) \right)^2.$$

对于上述不等式右侧的第一项, 利用离散和积分形式的 Hölder 不等式, 有

$$\sum_{i=1}^{n} \left(\int_{t_k}^{t} v_i'(s) \mathrm{d}s \right)^2$$

$$= \sum_{i=1}^{n} \left(\int_{t_k}^{t} \frac{1}{N} \sum_{j=1}^{N} \phi_{ij}(v_j - v_i) \mathrm{d}s \right)^2$$

$$\leqslant \frac{1}{N^2} \sum_{i=1}^{n} \left[\int_{t_k}^{t} \left(\sum_{j=1}^{N} \phi_{ij}^2 \right)^{\frac{1}{2}} \left(\sum_{j=1}^{N} |v_j - v_i|^2 \right)^{\frac{1}{2}} \mathrm{d}s \right]^2$$

$$\leqslant \frac{1}{N} \sum_{i=1}^{n} \left[\int_{t_k}^{t} \left(\sum_{j=1}^{N} |v_j - v_i|^2 \right)^{\frac{1}{2}} \mathrm{d}s \right]^2$$

$$\leqslant \frac{t - t_k}{N} \sum_{i=1}^{n} \sum_{j=1}^{N} \int_{t_k}^{t} (v_j - v_i)^2 \mathrm{d}s.$$

在上述不等式计算中, 用到了条件 $\phi \leqslant 1$. 类似地,

$$\sum_{i=n+1}^{N}\left(\frac{t-t_k}{N}\sum_{j=1}^{N}\tilde{\phi}_{ij}(\tilde{v}_j-\tilde{v}_i)\right)^2 \leqslant \frac{(t-t_k)^2}{N}\sum_{i=n+1}^{N}\sum_{j=1}^{N}|\tilde{v}_j-\tilde{v}_i|^2.$$

因此，联合以上三式，有

$$\sum_{i=1}^{N}|\tilde{v}_i-v_i|^2 \leqslant \frac{t-t_k}{N}\sum_{i=1}^{n}\sum_{j=1}^{N}\int_{t_k}^{t}(v_j-v_i)^2 \mathrm{d}s + \frac{(t-t_k)^2}{N}\sum_{i=n+1}^{N}\sum_{j=1}^{N}|\tilde{v}_j-\tilde{v}_i|^2$$

$$\leqslant \frac{2(t-t_k)^2}{N}\sup_{s\in[t_k,t]}\sum_{i=1}^{N}\sum_{j=1}^{N}|v_j-v_i|^2 \leqslant 4(t-t_k)^2 \sup_{s\in[t_k,t]}V(s).$$

引理 4.1 得证. □

引理 4.2 设 $\{(x_i,v_i)\}_{i=1}^{N}$ 是模型 (4.4) 的一个经典解. 假设 $\phi' \in [-1,1]$，则对 $\forall t \in [t_k, t_{k+1})$，有

$$\frac{1}{N}\sum_{i=1}^{N}\sum_{j=1}^{N}|\tilde{\phi}_{ij}-\phi_{ij}|^3 \leqslant 16(t-t_k)^3 \max_{s\in[t_k,t]} V(s)^{\frac{3}{2}} + 32(t-t_k)^6 \sup_{s\in[t_k,t]} V(s)^{\frac{3}{2}}.$$

证明 注意到 $|\phi'| \leqslant 1$，由模型 (4.4) 可得

$$|\tilde{\phi}_{ij}-\phi_{ij}| \leqslant ||\tilde{x}_i-\tilde{x}_j|-|x_i-x_j|| \leqslant \begin{cases} \int_{t_k}^{t}|v_i(s)-v_j(s)|\mathrm{d}s, & 1\leqslant i,j \leqslant n; \\ \int_{t_k}^{t}|\tilde{v}_i-\tilde{v}_j|\mathrm{d}s, & n+1 \leqslant i,j \leqslant N; \\ \int_{t_k}^{t}|v_i(s)-\tilde{v}_j|\mathrm{d}s, & i\leqslant n, j \geqslant n+1; \\ \int_{t_k}^{t}|\tilde{v}_i-v_j(s)|\mathrm{d}s, & j\leqslant n, i \geqslant n+1. \end{cases}$$

然后，根据 Hölder 不等式和上述不等式，有

$$\frac{1}{N}\sum_{i=1}^{N}\sum_{j=1}^{N}|\tilde{\phi}_{ij}-\phi_{ij}|^3$$

$$\leqslant \frac{(t-t_k)^2}{N}\left(\sum_{i=1}^{n}\sum_{j=1}^{n}\int_{t_k}^{t}|v_i(s)-v_j(s)|^3\mathrm{d}s + \sum_{i=n+1}^{N}\sum_{j=n+1}^{N}\int_{t_k}^{t}|\tilde{v}_i-\tilde{v}_j|^3\mathrm{d}s\right)+$$

$$\frac{(t-t_k)^2}{N}\left(\sum_{i=1}^{n}\sum_{j=n+1}^{N}\int_{t_k}^{t}|v_i(s)-\tilde{v}_j|^3\mathrm{d}s + \sum_{i=n+1}^{N}\sum_{j=1}^{n}\int_{t_k}^{t}|\tilde{v}_i-v_j(s)|^3\mathrm{d}s\right)$$

$$\leqslant \frac{(t-t_k)^2}{N}\left(\sum_{i=1}^{n}\sum_{j=1}^{n}\int_{t_k}^{t}|v_i(s)-v_j(s)|^3\mathrm{d}s + \sum_{i=n+1}^{N}\sum_{j=n+1}^{N}\int_{t_k}^{t}|\tilde{v}_i-\tilde{v}_j|^3\mathrm{d}s\right) +$$

$$\frac{(t-t_k)^2}{N}\left(\sum_{i=1}^{n}\sum_{j=n+1}^{N}\int_{t_k}^{t}(4|v_i(s)-v_j(s)|^3+4|\tilde{v}_j-v_j(s)|^3)\mathrm{d}s\right) +$$

$$\frac{(t-t_k)^2}{N}\left(\sum_{i=n+1}^{N}\sum_{j=1}^{n}\int_{t_k}^{t}(4|\tilde{v}_i-\tilde{v}_j|^3+4|\tilde{v}_j-v_j(s)|^3)\mathrm{d}s\right).$$

进一步, 有

$$\frac{1}{N}\sum_{i=1}^{N}\sum_{j=1}^{N}|\tilde{\phi}_{ij}-\phi_{ij}|^3$$

$$\leqslant \frac{4(t-t_k)^2}{N}\int_{t_k}^{t}\sum_{i=1}^{n}\sum_{j=1}^{N}|v_i(s)-v_j(s)|^3\mathrm{d}s +$$

$$\frac{4(t-t_k)^2}{N}\int_{t_k}^{t}\sum_{i=n+1}^{N}\sum_{j=1}^{N}|\tilde{v}_i-\tilde{v}_j|^3\mathrm{d}s + 4(t-t_k)^3\sum_{i=1}^{N}|\tilde{v}_i-v_i|^3$$

$$\leqslant \frac{4(t-t_k)^2}{N}\int_{t_k}^{t}\max\left\{\sum_{i=1}^{N}\sum_{j=1}^{N}|v_i(s)-v_j(s)|^3, \sum_{i=1}^{N}\sum_{j=1}^{N}|\tilde{v}_i-\tilde{v}_j|^3\right\}\mathrm{d}s +$$

$$4(t-t_k)^3\sum_{i=1}^{N}|\tilde{v}_i-v_i|^3$$

$$\leqslant \frac{16(t-t_k)^3}{N}\max_{s\in[t_k,t]}\left\{\sum_{i=1}^{N}\sum_{j=1}^{N}|v_i(s)-v_c(s)|^3\right\} +$$

$$4(t-t_k)^3\left(\sum_{i=1}^{N}|\tilde{v}_i-v_i|^2\right)^{\frac{3}{2}}$$

$$\leqslant 16(t-t_k)^3\max_{s\in[t_k,t]}V(s)^{\frac{3}{2}} + 32(t-t_k)^6\sup_{s\in[t_k,t]}V(s)^{\frac{3}{2}}.$$

因此, 引理 4.2 得证. □

4.3 群集行为的充分条件

本节介绍本书的核心结果, 并严格证明该定理.

定理 4.1　设 $\{(x_i, v_i)\}_{i=1}^N$ 是模型 (4.4) 的解，并且通信权重满足条件 (4.3). 假设存在一个常数 $\lambda > 0$，使得

$$\phi(D_0 + \frac{\sqrt{V_0}}{\lambda}) \geqslant 2\lambda, \tag{4.5}$$

其中 $D_0 = \sup|x_i(0) - x_j(0)|$, $V_0 = \sup|v_i(0) - v_j(0)|$, 则当 $h \leqslant h_0 = \dfrac{2\lambda}{196V(0)^{\frac{1}{2}} + 20}$ 时，该模型实现群集行为.

附注 4.1　对于经典的通信权重 $\phi(r) = (1+r^2)^{-\frac{\beta}{2}}$，当 $0 \leqslant \beta < 1$ 时，易得不等式 (4.5) 成立. 另外，当 $\beta \geqslant 1$ 时，该条件仅对某些初始值成立.

实际上，基于引理 4.1 和引理 4.2，可以大致得到 $V'(t)$ 的一个不等式，这是证明定理 4.1 的关键. 下面给出具体的推导过程.

4.3.1　速度方差的推导

命题 4.1　设 $\{(x_i, v_i)\}_{i=1}^N$ 是模型 (4.4) 的经典解. 并且通信权重满足条件 (4.3)，则

$$\begin{aligned}\frac{\mathrm{d}}{\mathrm{d}t}V(t) \leqslant &-\frac{1}{2N}\sum_{i=1}^N \sum_{j=1}^N \phi_{ij}(v_j - v_i)^2 + \\ & 2(1+t-t_k)(t-t_k)\sup_{s\in[t_k,t]} V(s) + 2(t-t_k)^{\frac{3}{2}}V(t)^{\frac{3}{2}} + \\ & 2(t-t_k)V(t) + 8(t-t_k)^{\frac{3}{2}} \max_{s\in[t_k,t]} V(s)^{\frac{3}{2}} + \\ & 16(t-t_k)^{\frac{9}{2}} \sup_{s\in[t_k,t]} V(s)^{\frac{3}{2}}. \end{aligned} \tag{4.6}$$

证明　为了清晰起见，将证明分为两步.

第一步　给出 $V'(t)$ 的基本估计. 根据模型 (4.4)，有

$$\frac{\mathrm{d}}{\mathrm{d}t}\sum_{i=1}^N |v_i(t) - v_c(t)|^2$$

$$= 2\sum_{i=1}^N (v_i(t) - v_c(t)) \cdot (v_i'(t) - v_c'(t))$$

$$= 2\sum_{i=1}^n (v_i - v_c) \cdot \frac{1}{N}\sum_{j=1}^N \phi_{ij}(v_j - v_i) +$$

$$2\sum_{i=n+1}^{N}(v_i-v_c)\cdot\frac{1}{N}\sum_{j=1}^{N}\tilde{\phi}_{ij}(\tilde{v}_j-\tilde{v}_i). \tag{4.7}$$

对于式 (4.7) 右侧的第一项，利用 ϕ_{ij} 的对称性，有

$$2\sum_{i=1}^{n}(v_i-v_c)\cdot\frac{1}{N}\sum_{j=1}^{N}\phi_{ij}(v_j-v_i)$$

$$=\frac{2}{N}\sum_{i=1}^{N}\sum_{j=1}^{N}\phi_{ij}(v_j-v_i)(v_i-v_c)-\frac{2}{N}\sum_{i=n+1}^{N}(v_i-v_c)\cdot\sum_{j=1}^{N}\phi_{ij}(v_j-v_i)$$

$$=-\frac{1}{N}\sum_{i=1}^{N}\sum_{j=1}^{N}\phi_{ij}(v_j-v_i)^2-\frac{2}{N}\sum_{i=n+1}^{N}(v_i-v_c)\cdot\sum_{j=1}^{N}\phi_{ij}(v_j-v_i). \tag{4.8}$$

注意，$-\dfrac{1}{N}\sum_{i=1}^{N}\sum_{j=1}^{N}\phi_{ij}(v_j-v_i)^2$ 在证明中起着重要作用，但这还不够. 还需要在时间 t_k 处获得类似的项，因此要对式 (4.7) 右侧的第二项进行以下计算：

$$2\sum_{i=n+1}^{N}(v_i-v_c)\cdot\frac{1}{N}\sum_{j=1}^{N}\tilde{\phi}_{ij}(\tilde{v}_j-\tilde{v}_i)$$

$$=2\sum_{i=1}^{N}(v_i-v_c)\cdot\frac{1}{N}\sum_{j=1}^{N}\tilde{\phi}_{ij}(\tilde{v}_j-\tilde{v}_i)-2\sum_{i=1}^{n}(v_i-v_c)\cdot\frac{1}{N}\sum_{j=1}^{N}\tilde{\phi}_{ij}(\tilde{v}_j-\tilde{v}_i)$$

$$=\frac{2}{N}\sum_{i=1}^{N}\sum_{j=1}^{N}\tilde{\phi}_{ij}(v_i-v_c-\tilde{v}_i+v_c+\tilde{v}_i-v_c)\cdot(\tilde{v}_j-\tilde{v}_i)-$$

$$\frac{2}{N}\sum_{i=1}^{n}\sum_{j=1}^{N}\tilde{\phi}_{ij}(v_i-v_c)\cdot(\tilde{v}_j-\tilde{v}_i)$$

$$=-\frac{1}{N}\sum_{i=1}^{N}\sum_{j=1}^{N}\tilde{\phi}_{ij}(\tilde{v}_j-\tilde{v}_i)^2+\frac{2}{N}\sum_{i=1}^{N}\sum_{j=1}^{N}\tilde{\phi}_{ij}(\tilde{v}_j-\tilde{v}_i)\cdot(v_i-\tilde{v}_i)-$$

$$\frac{2}{N}\sum_{i=1}^{n}\sum_{j=1}^{N}\tilde{\phi}_{ij}(v_i-v_c)\cdot(\tilde{v}_j-\tilde{v}_i). \tag{4.9}$$

一方面，结合式 (4.7) 和式 (4.8)，得到

$$\frac{\mathrm{d}}{\mathrm{d}t}\sum_{i=1}^{N}|v_i(t)-v_c|^2$$

$$=-\frac{1}{N}\sum_{i=1}^{N}\sum_{j=1}^{N}\phi_{ij}(v_j-v_i)^2+$$
$$\frac{2}{N}\sum_{i=n+1}^{N}(v_i-v_c)\cdot\left(\sum_{j=1}^{N}\tilde{\phi}_{ij}(\tilde{v}_j-\tilde{v}_i)-\sum_{j=1}^{N}\phi_{ij}(v_j-v_i)\right).$$

另一方面，由式 (4.7) 和式 (4.9)，有

$$\frac{\mathrm{d}}{\mathrm{d}t}\sum_{i=1}^{N}|v_i(t)-v_c|^2$$
$$=-\frac{1}{N}\sum_{i=1}^{N}\sum_{j=1}^{N}\tilde{\phi}_{ij}(\tilde{v}_j-\tilde{v}_i)^2+\frac{2}{N}\sum_{i=1}^{N}\sum_{j=1}^{N}\tilde{\phi}_{ij}(\tilde{v}_j-\tilde{v}_i)\cdot(v_i-\tilde{v}_i)+$$
$$\frac{2}{N}\sum_{i=1}^{n}(v_i-v_c)\cdot\left(\sum_{j=1}^{N}\phi_{ij}(v_j-v_i)-\sum_{j=1}^{N}\tilde{\phi}_{ij}(\tilde{v}_j-\tilde{v}_i)\right).$$

结合上述两个方程，有

$$2\frac{\mathrm{d}}{\mathrm{d}t}\sum_{i=1}^{N}|v_i(t)-v_c|^2\leqslant-\frac{1}{N}\sum_{i=1}^{N}\sum_{j=1}^{N}\phi_{ij}(v_j-v_i)^2-\frac{1}{N}\sum_{i=1}^{N}\sum_{j=1}^{N}\tilde{\phi}_{ij}(\tilde{v}_j-\tilde{v}_i)^2+$$
$$\frac{2}{N}\sum_{i=1}^{N}\sum_{j=1}^{N}\tilde{\phi}_{ij}(\tilde{v}_j-\tilde{v}_i)\cdot(v_i-\tilde{v}_i)+$$
$$\frac{2}{N}\sum_{i=1}^{N}|v_i-v_c|\cdot\left|\sum_{j=1}^{N}\tilde{\phi}_{ij}(\tilde{v}_j-\tilde{v}_i)-\sum_{j=1}^{N}\phi_{ij}(v_j-v_i)\right|$$
$$\leqslant-\frac{1}{N}\sum_{i=1}^{N}\sum_{j=1}^{N}\phi_{ij}(v_j-v_i)^2+\sum_{i=1}^{N}|v_i-\tilde{v}_i|^2+$$
$$\frac{2}{N}\sum_{i=1}^{N}|v_i-v_c|\left|\sum_{j=1}^{N}\tilde{\phi}_{ij}(\tilde{v}_j-\tilde{v}_i)-\sum_{j=1}^{N}\phi_{ij}(v_j-v_i)\right|.$$

利用引理 4.1 和上述不等式，得到

$$2V'(t)\leqslant-\frac{1}{N}\sum_{i=1}^{N}\sum_{j=1}^{N}\phi_{ij}(v_j-v_i)^2+4(t-t_k)^2\sup_{s\in[t_k,t]}V(s)+$$
$$\frac{2}{N}\sum_{i=1}^{N}|v_i-v_c|\left|\sum_{j=1}^{N}\tilde{\phi}_{ij}(\tilde{v}_j-\tilde{v}_i)-\sum_{j=1}^{N}\phi_{ij}(v_j-v_i)\right|. \qquad (4.10)$$

第二步 给出式 (4.10) 最后一项的估计. 根据 Young 不等式和引理 4.1，有

$$\frac{2}{N}\sum_{i=1}^{N}|v_i - v_c|\left|\sum_{j=1}^{N}\tilde{\phi}_{ij}(\tilde{v}_j - \tilde{v}_i) - \sum_{j=1}^{N}\phi_{ij}(v_j - v_i)\right|$$

$$\leqslant \frac{2}{N}\sum_{i=1}^{N}\sum_{j=1}^{N}|v_i - v_c||v_j - v_i||\tilde{\phi}_{ij} - \phi_{ij}| +$$

$$\frac{2}{N}\sum_{i=1}^{N}\sum_{j=1}^{N}|v_i - v_c||\tilde{v}_j - \tilde{v}_i - (v_j - v_i)|$$

$$\leqslant \frac{4}{N}\sum_{i=1}^{N}\sum_{j=1}^{N}|v_i - v_c|^2|\tilde{\phi}_{ij} - \phi_{ij}| + \frac{2}{N}\sum_{i=1}^{N}\sum_{j=1}^{N}|v_i - v_c|(|\tilde{v}_j - v_j| + |\tilde{v}_i - v_i|)$$

$$\leqslant 4\delta^3\sum_{i=1}^{N}|v_i - v_c|^3 + \frac{1}{N\delta^3}\sum_{i=1}^{N}\sum_{j=1}^{N}|\tilde{\phi}_{ij} - \phi_{ij}|^3 +$$

$$4\delta^2\sum_{i=1}^{N}|v_i - v_c|^2 + \delta^{-2}\sum_{i=1}^{N}|\tilde{v}_i - v_i|^2$$

$$\leqslant 4\delta^3 V^{\frac{3}{2}} + 4\delta^2 V + 4\delta^{-2}(t-t_k)^2\sup_{s\in[t_k,t]}V(s) + \frac{1}{N\delta^3}\sum_{i=1}^{N}\sum_{j=1}^{N}|\tilde{\phi}_{ij} - \phi_{ij}|^3.$$

将上述不等式与式 (4.10) 结合，有

$$2V'(t) \leqslant -\frac{1}{N}\sum_{i=1}^{N}\sum_{j=1}^{N}\phi_{ij}(v_j - v_i)^2 + 4(1+\delta^{-2})(t-t_k)^2\sup_{s\in[t_k,t]}V(s) +$$

$$4\delta^3 V(t)^{\frac{3}{2}} + 4\delta^2 V(t) + \frac{1}{N\delta^3}\sum_{i=1}^{N}\sum_{j=1}^{N}|\tilde{\phi}_{ij} - \phi_{ij}|^3. \quad (4.11)$$

通过式 (4.11) 和引理 4.2，可以选择 $\delta = \sqrt{t-t_k}$，从而

$$2V'(t) \leqslant -\frac{1}{N}\sum_{i=1}^{N}\sum_{j=1}^{N}\phi_{ij}(v_j - v_i)^2 + 4(1+t-t_k)(t-t_k)\sup_{s\in[t_k,t]}V(s) +$$

$$16(t-t_k)^{\frac{3}{2}}\max_{s\in[t_k,t]}V(s)^{\frac{3}{2}} + 32(t-t_k)^{\frac{9}{2}}\sup_{s\in[t_k,t]}V(s)^{\frac{3}{2}} +$$

$$4(t-t_k)^{\frac{3}{2}}V(t)^{\frac{3}{2}} + 4(t-t_k)V(t). \quad (4.12)$$

由此，易得式 (4.6). □

4.3.2 定理 4.1 的证明

注意，不等式 (4.12) 同时包含 $\sup_{s\in[t_k,t]} V(s)$ 和 $V(t)$，因此本节首先建立它们之间的关系，然后证明定理 4.1.

引理 4.3 令 $\phi \leqslant 1$，且 $V(0) \neq 0$. 假设 $0 < t - t_k \leqslant h$ 且 $\mathrm{e}^{10h} < 2$，则

$$\sup_{s\in[t_k,t]} V(s) < \mathrm{e}^{10h} V(t), \quad t \geqslant s \geqslant t_k. \tag{4.13}$$

证明 根据式 (4.7)、式 (4.8) 和 Young 不等式，对 $\forall t \geqslant 0$，有

$$\frac{\mathrm{d}}{\mathrm{d}t} V(t) = -\frac{1}{N} \sum_{i=1}^{N} \sum_{j=1}^{N} \phi_{ij} (v_j - v_i)^2 - 2 \sum_{i=n+1}^{N} (v_i - v_c) \cdot \frac{1}{N} \sum_{j=1}^{N} \phi_{ij}(v_j - v_i) +$$

$$2 \sum_{i=n+1}^{N} (v_i - v_c) \cdot \frac{1}{N} \sum_{j=1}^{N} \tilde{\phi}_{ij}(\tilde{v}_j - \tilde{v}_i)$$

$$\geqslant -2V(t) - \frac{2}{N} \sum_{i=n+1}^{N} \sum_{j=1}^{N} \phi_{ij}(v_i - v_c) \cdot (v_j - v_c) + 2 \sum_{i=n+1}^{N} \phi_{ij} |v_i - v_c|^2 -$$

$$2 \sum_{i=n+1}^{N} |v_i - v_c|^2 - \frac{1}{2N} \sum_{i=n+1}^{N} \sum_{j=1}^{N} \tilde{\phi}_{ij} |\tilde{v}_j - \tilde{v}_i|^2$$

$$\geqslant -2V(t) - \frac{1}{N} \sum_{i=n+1}^{N} \sum_{j=1}^{N} (|v_i - v_c|^2 + |v_j - v_c|^2) -$$

$$2V(t) - \frac{1}{2N} \sum_{i=n+1}^{N} \sum_{j=1}^{N} \tilde{\phi}_{ij} |\tilde{v}_j - \tilde{v}_i|^2.$$

由上式，显然有

$$V'(t) \geqslant -4V(t) - 3 \sup_{s\in[t_k,t]} V(s). \tag{4.14}$$

根据式 (4.14) 和 $V(t)$ 的定义，可以推出

$$V'(0) \geqslant -4V(0) - 3V(0) \geqslant -7V(0) \geqslant -10V(0).$$

根据 $V(t)$ 的连续可微性，得到 $V'(t) > -10V(t)$ 在某个时间区间内成立. 因此，定义

$$t_0 = \sup\{t \geqslant 0, V'(s) > -10V(s), s \in [0, t_0)\}.$$

现在证明 $t_0 = +\infty$. 如果 $t_0 < +\infty$, 有

$$V'(t) > -10V(t), t \in [0, t_0), \tag{4.15}$$

并且

$$V'(t_0) = -10V(t_0). \tag{4.16}$$

从不等式 (4.15) 可以得到

$$V(t) > V(s)\mathrm{e}^{-10(t-s)}.$$

因此，对 $0 \leqslant s \leqslant t < t_0$, 有 $V(s) < \mathrm{e}^{10(t-s)}V(t) \leqslant \mathrm{e}^{10h}V(t)$. 将此不等式结合式 (4.14)，有

$$V'(t) > -4V(t) - 3\mathrm{e}^{10h}V(t).$$

因为 $V(t_0) = V(0)\mathrm{e}^{-10t_0} > 0$，结合上述估计和 $\mathrm{e}^{10(t-s)} < 2$，得到

$$V'(t_0) > -4V(t_0) - 6V(t_0) = -10V(t_0).$$

而这与式 (4.16) 本身矛盾. 所以，不等式 (4.13) 成立. □

结合命题 4.1 和引理 4.3，将证明

$$\frac{\mathrm{d}}{\mathrm{d}t}V(t) \leqslant -\phi(D(t))V(t) + 98(t-t_k)V(t)^{\frac{3}{2}} + 10(t-t_k)V(t). \tag{4.17}$$

如果在上述不等式中 $\phi = 1$，可以得到 $V' \leqslant -V + ch(V + V^{\frac{3}{2}})$. 据此不等式可知，若 h 足够小，速度会指数收敛. 实际上，对于不等式 $v' \leqslant -v + ch(v + v^\alpha)$，如果 h 足够小且满足 $\alpha \geqslant 1$，可以得到 v 指数收敛. 基于上述论证，下证 $V(t)$ 指数收敛.

定理 4.1 的证明 首先，推导出不等式 (4.17).

$$\frac{\mathrm{d}}{\mathrm{d}t}V(t) \leqslant -\phi(D(t))V(t) + 4(1+t-t_k)(t-t_k)V(t) + 2(t-t_k)^{\frac{3}{2}}V(t)^{\frac{3}{2}} +$$
$$2(t-t_k)V(t) + 32(t-t_k)^{\frac{3}{2}}V(t)^{\frac{3}{2}} + 64(t-t_k)^{\frac{9}{2}}V(t)^{\frac{3}{2}}.$$

这里 $0 < t - t_k < 1$，所以上述不等式可以简化为

$$\frac{\mathrm{d}}{\mathrm{d}t}V(t) \leqslant -\phi(D(t))V(t) + 98(t-t_k)V(t)^{\frac{3}{2}} + 10(t-t_k)V(t). \tag{4.18}$$

根据定理 4.1 的条件 (4.5)，当 $t=0$ 时，存在 $\lambda>0$ 使得 $\phi\left(D_0+\frac{\sqrt{V_0}}{\lambda}\right) \geqslant 2\lambda > 196(t-t_k)V(0)^{\frac{1}{2}}+20(t-t_k)$ 成立. 结合该不等式和式 (4.18)，得到 $V'(t) < -\lambda V(t)$ 在原点处成立. 然后，根据 $V(t)$ 的连续性，可以知道 $V'(t) < -\lambda V(t)$ 在 $[0,t_*]$ 上成立，其中

$$t_* = \sup\left\{t \geqslant 0, \phi\left(D_0+t\sup_{u\in[0,s]}\sqrt{V(u)}\right) \geqslant 2\lambda,\right.$$
$$\left. 2\lambda > 196hV(s)^{\frac{1}{2}}+20h, s\in[0,t)\right\}.$$

现在证明 $t_* = +\infty$. 假设 $t_* < +\infty$，有

$$V'(t) < -\lambda V(t), \quad t\in[0,t_*), \tag{4.19}$$

并且

$$V'(t) = -\lambda V(t), \quad t=t_*. \tag{4.20}$$

根据不等式 (4.19)，可得

$$V(t) \leqslant \mathrm{e}^{-\lambda t}V(0).$$

因此，不等式 $|v_i-v_j|^2 \leqslant 2\sum_{i=1}^{N}|v_i|^2 \leqslant 2\mathrm{e}^{-\lambda t}V(0)$ 成立. 同时，有 $|x_i-x_j| \leqslant D_0+\frac{\sqrt{V(0)}}{\lambda}$. 从上述两个不等式可以得出 $V'(t) < -\lambda V(t)$ 在 t_* 处也成立. 这与不等式 (4.20) 矛盾，因此，不等式 $V'(t) < -\lambda V(t)$ 在整个区间上都成立. □

4.4 数值模拟示例

本节将通过一些数值模拟来验证定理 4.1 的有效性. 这里取 $\phi(r) = 1/(1+r^2)^{\frac{\beta}{2}}$.

例 4.1 对于定理 4.1 中的条件 (4.5) $\left(\phi\left(D_0+\frac{\sqrt{V_0}}{\lambda}\right) \geqslant 2\lambda\right)$，取 $\lambda = 0.1$，$\beta = 0.4$. 速度方差 v_i-v_c 和 $|x_i-x_j|$ 的上确界如图 4-1 所示.

例 4.2 在这一案例中，我们主要考虑两种情况. (i) 取 $\lambda = 0.1$，$\beta = 1.5$，并给出满足条件 (4.5) 的初始状态和初始速度. 模拟结果如图 4-2 所示. (ii) 取 λ 和 β 与（i）相同，但给不出满足条件 (4.5) 的初始状态和初始速度. 模拟结果如图 4-3 所示.

例 4.3 在这一案例中，取 $\phi = \chi_{[0,R]}$，其中 $\chi_{[0,R]}$ 是指数函数，当 $r \in [0,R]$ 时 $\chi_{[0,R]}(r) = 1$，当 $r > R$ 时 $\chi_{[0,R]}(r) = 0$. 这里取 $R = 50$，并且初始数据满足条件 (4.5) 的 $\lambda = 0.2$. 模拟结果如图 4-4 所示.

根据上述模拟结果，得到以下结论：当 $0 \leqslant \beta < 1$ 且初始值满足不等式 (4.5) 时，系统可以实现群集行为；当 $\beta \geqslant 1$ 时，系统不一定总是具有群集行为.

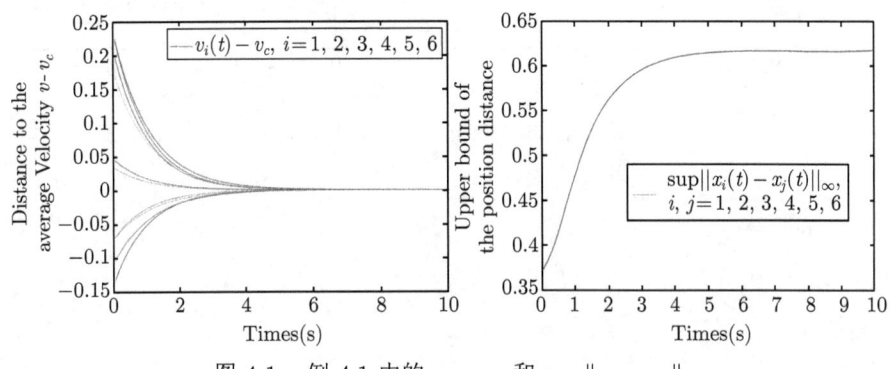

图 4-1　例 4.1 中的 $v_i - v_c$ 和 $\sup \|x_i - x_j\|$

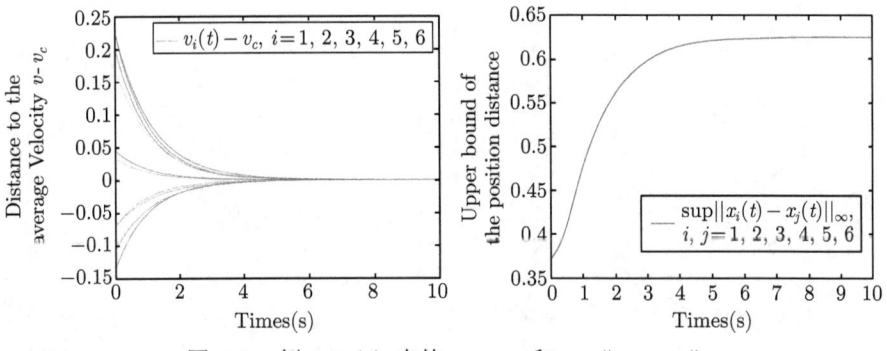

图 4-2　例 4.2（i）中的 $v_i - v_c$ 和 $\sup \|x_i - x_j\|$

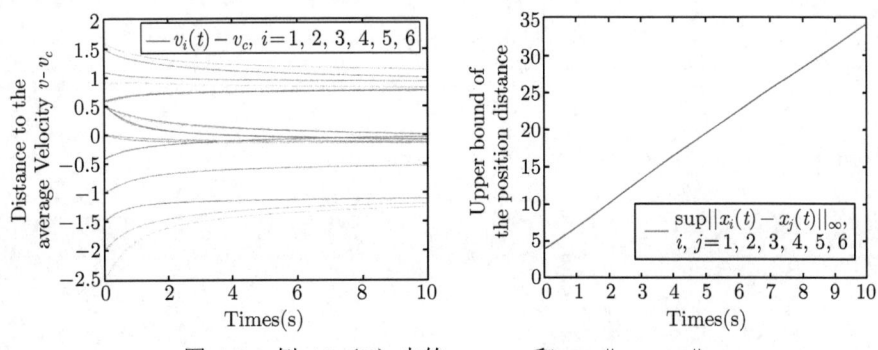

图 4-3　例 4.2（ii）中的 $v_i - v_c$ 和 $\sup \|x_i - x_j\|$

图 4-4 例 4.3 中的 $v_i - v_c$ 和 $\sup \|x_i - x_j\|$

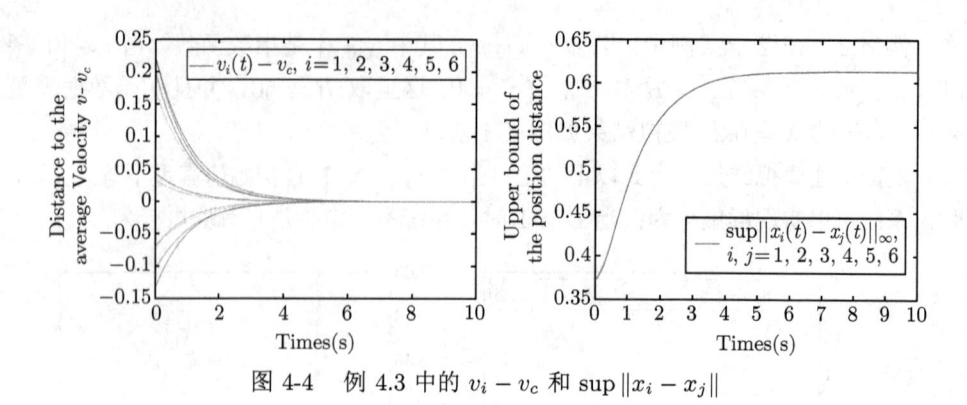

第 5 章

时滞 Cucker-Smale 模型

在具有相互作用的动物、人类或机器人等真实智能体系统中, 往往存在反应时滞, 这可能会对它们的大时间行为产生重大影响. 本章给出具有反应时滞的 C-S 模型的大时间行为. 对于奇异短程通信情况, 避免碰撞是确保问题适定性和长时间行为的关键. 本章通过建立二阶速度–空间矩的不等式, 证明了具有某些奇异短程通信权重和反应时滞的 C-S 模型中的碰撞避免. 然后建立了群集行为的充分条件. 5.1 节介绍了时滞模型以及一些基本引理. 5.2 节通过建立二阶速度–空间矩的不等式, 证明了碰撞避免. 5.3 节给出了该模型群集行为的一般充分条件.

5.1 问题描述

设 N 为智能体的数量, 令 $(x_i(t), v_i(t)) \in \mathbb{R}^{2d}$ 表示第 i 个智能体在时刻 t 的位置和速度, 则具有反应时滞的 C-S 模型描述为

$$\begin{cases} \dot{x}_i = v_i, \\ \dot{v}_i = \dfrac{1}{N} \sum_{j \neq i} \phi(|\tilde{x}_j - \tilde{x}_i|)(\tilde{v}_j - \tilde{v}_i), \end{cases} \tag{5.1}$$

其中通信权重 $\phi(r) = r^{-\beta}$ 且 $(\tilde{x}_i, \tilde{v}_i) := (x_i(t-\tau(t)), v_i(t-\tau(t)))$. 位置和速度的初值满足

$$(x_i(t), v_i(t)) = (x_i^0(t), v_i^0(t)), \quad t \in [-\bar{\tau}, 0], \tag{5.2}$$

其中 $x_i^0, v_i^0 \in C([-\bar{\tau}, 0]; \mathbb{R}^d)$ 且 $\bar{\tau} := \sup\limits_{t \geqslant 0} \tau(t)$.

首先, 记

$$D(t) = \inf_{i \neq j, s \in [-\bar{\tau}, t]} |x_i(s) - x_j(s)|.$$

为了简化，定义位置和速度波动分别为

$$V(t) = \left(\sum_{i=1}^{N}\sum_{j\neq i}|v_i(t) - v_j(t)|^2\right)^{\frac{1}{2}}; \quad X(t) = \left(\sum_{i=1}^{N}\sum_{j\neq i}|x_i(t) - x_j(t)|^2\right)^{\frac{1}{2}}.$$

从模型 (5.1) 可得，对 $\forall t \geq 0$，有 $v_c(t) \equiv v_c(0)$，因此 $x_c(t) = x_c(0) + v_c(0)t$. 所以对 $\forall t \geq 0$，有

$$V(t) = \left(2N\sum_{i=1}^{N}|v_i - v_c|^2\right)^{\frac{1}{2}}, \quad X(t) = \left(2N\sum_{i=1}^{N}|x_i - x_c|^2\right)^{\frac{1}{2}}, \quad (5.3)$$

但对 $\forall t \in [-\bar{\tau}, 0)$，这通常不成立.

下面给出 $V(t)$ 的两个基本不等式.

引理 5.1 对 $\forall t \geq \bar{\tau}$，模型 (5.1), (5.2) 的全局解 $\{(x_i, v_i)\}_{i=1}^{N}$，当 $\phi(r) = r^{-\beta}(\beta > 2)$ 时，满足

$$\frac{\mathrm{d}}{\mathrm{d}t}\left(\sum_{i=1}^{N}\sum_{j\neq i}|v_i - v_j|^2\right) \leq 4\bar{\tau}D^{-2\beta}(t)\int_{t-\bar{\tau}}^{t}\sum_{i=1}^{N}\sum_{j\neq i}\tilde{\phi}_{ij}|\tilde{v}_j - \tilde{v}_i|^2(s)\mathrm{d}s -$$

$$\sum_{i=1}^{N}\sum_{j\neq i}\tilde{\phi}_{ij}|v_i - v_j|^2. \quad (5.4)$$

以及

$$\frac{\mathrm{d}}{\mathrm{d}t}\left(\sum_{i=1}^{N}\sum_{j\neq i}|v_i - v_j|^2\right) \leq 4\bar{\tau}D^{-2\beta}(t)\int_{t-\bar{\tau}}^{t}\sum_{i=1}^{N}\sum_{j\neq i}\tilde{\phi}_{ij}|\tilde{v}_j - \tilde{v}_i|^2(s)\mathrm{d}s -$$

$$\sum_{i=1}^{N}\sum_{j\neq i}\tilde{\phi}_{ij}|\tilde{v}_i - \tilde{v}_j|^2. \quad (5.5)$$

证明 由模型 (5.1) 可得

$$\frac{\mathrm{d}}{\mathrm{d}t}\left(\sum_{i=1}^{N}|v_i - v_c|^2\right) = \frac{2}{N}\sum_{i=1}^{N}\sum_{j\neq i}\tilde{\phi}_{ij}(\tilde{v}_j - \tilde{v}_i)\cdot(v_i - v_c)$$

$$= -\frac{1}{N}\sum_{i=1}^{N}\sum_{j\neq i}\tilde{\phi}_{ij}(\tilde{v}_i - \tilde{v}_j)\cdot(v_i - v_j). \quad (5.6)$$

由式 (5.6)，可以知道

$$\frac{\mathrm{d}}{\mathrm{d}t}\left(\sum_{i=1}^{N}|v_i-v_c|^2\right) = -\frac{2}{N}\sum_{i=1}^{N}\sum_{j\neq i}\tilde{\phi}_{ij}(v_i-v_j)\cdot\tilde{v}_i$$

$$= -\frac{2}{N}\sum_{i=1}^{N}\sum_{j\neq i}\tilde{\phi}_{ij}(v_i-v_j)\cdot(v_i+\tilde{v}_i-v_i)$$

$$= -\frac{1}{N}\sum_{i=1}^{N}\sum_{j\neq i}\tilde{\phi}_{ij}|v_i-v_j|^2 -$$

$$\frac{2}{N}\sum_{i=1}^{N}\sum_{j\neq i}\tilde{\phi}_{ij}(v_i-v_j)\cdot(\tilde{v}_i-v_i), \quad t\geqslant 0.$$

通过上述等式和 Young 不等式，得到

$$\frac{\mathrm{d}}{\mathrm{d}t}\left(\sum_{i=1}^{N}\sum_{j\neq i}|v_i-v_j|^2\right)$$

$$= -2\sum_{i=1}^{N}\sum_{j\neq i}\tilde{\phi}_{ij}|v_i-v_j|^2 - 4\sum_{i=1}^{N}\sum_{j\neq i}\tilde{\phi}_{ij}(v_i-v_j)\cdot(\tilde{v}_i-v_i)$$

$$\leqslant -\sum_{i=1}^{N}\sum_{j\neq i}\tilde{\phi}_{ij}|v_i-v_j|^2 + 4\sum_{i=1}^{N}\sum_{j\neq i}\tilde{\phi}_{ij}|\tilde{v}_i-v_i|^2$$

$$\leqslant -\sum_{i=1}^{N}\sum_{j\neq i}\tilde{\phi}_{ij}|v_i-v_j|^2 + \frac{4N}{D^{\beta}(t)}\sum_{i=1}^{N}|\tilde{v}_i-v_i|^2, \quad t\geqslant 0. \tag{5.7}$$

注意到

$$\sum_{i=1}^{N}|\tilde{v}_i-v_i|^2 = \sum_{i=1}^{N}\left|\int_{t-\tau(t)}^{t}\dot{v}(s)\mathrm{d}s\right|^2$$

$$= \sum_{i=1}^{N}\left|\int_{t-\tau(t)}^{t}\frac{1}{N}\sum_{j\neq i}\tilde{\phi}_{ij}(\tilde{v}_j-\tilde{v}_i)(s)\mathrm{d}s\right|^2$$

$$\leqslant \frac{1}{N^2}\sum_{i=1}^{N}\left|\int_{t-\tau(t)}^{t}\left(\sum_{j\neq i}\tilde{\phi}_{ij}|\tilde{v}_j-\tilde{v}_i|^2(s)\right)^{\frac{1}{2}}\left(\sum_{j\neq i}\phi(|\tilde{x}_j-\tilde{x}_i|(s))\right)^{\frac{1}{2}}\mathrm{d}s\right|^2$$

$$\leqslant \frac{\bar{\tau}}{ND^\beta(t)} \int_{t-\tau(t)}^t \sum_{i=1}^N \sum_{j\neq i} \tilde{\phi}_{ij}|\tilde{v}_j - \tilde{v}_i|^2(s)\mathrm{d}s$$

$$\leqslant \frac{\bar{\tau}}{ND^\beta(t)} \int_{t-\bar{\tau}}^t \sum_{i=1}^N \sum_{j\neq i} \tilde{\phi}_{ij}|\tilde{v}_j - \tilde{v}_i|^2(s)\mathrm{d}s, \quad t \geqslant \bar{\tau}. \tag{5.8}$$

结合式 (5.7) 和式 (5.8)，得到式 (5.4). 并且，由模型 (5.1) 可以得到

$$\frac{\mathrm{d}}{\mathrm{d}t}\left(\sum_{i=1}^N |v_i - v_c|^2\right) = \frac{2}{N}\sum_{i=1}^N \sum_{j\neq i} \tilde{\phi}_{ij}(\tilde{v}_j - \tilde{v}_i) \cdot (v_i - v_c)$$

$$= -\frac{2}{N}\sum_{i=1}^N \sum_{j\neq i} \tilde{\phi}_{ij}(\tilde{v}_i - \tilde{v}_j) \cdot (v_i - \tilde{v}_i + \tilde{v}_i)$$

$$= -\frac{1}{N}\sum_{i=1}^N \sum_{j\neq i} \tilde{\phi}_{ij}|\tilde{v}_i - \tilde{v}_j|^2 +$$

$$\frac{2}{N}\sum_{i=1}^N \sum_{j\neq i} \tilde{\phi}_{ij}(\tilde{v}_i - \tilde{v}_j) \cdot (\tilde{v}_i - v_i).$$

然后，类似于式 (5.7) 和式 (5.8)，我们有式 (5.5). □

5.2 碰撞避免

本节主要说明模型 (5.1), (5.2) 中的各智能体之间不会发生碰撞.

5.2.1 短时间间隔内的碰撞避免

下面引理用于证明如果 $\bar{\tau}$ 足够小，则对于无碰撞初值，在 $[0, 2\bar{\tau}]$ 时间区间内可以避免碰撞.

引理 5.2 假设 $D(0), V(0) > 0$. 令 $\phi(r) = r^{-\beta}$，其中 $\beta > 0$. 假设 $\bar{\tau} > 0$ 满足

$$\mathrm{e}^{k_1\bar{\tau}} < 2, \quad \bar{\tau} < \frac{\sqrt{N}D(0)}{8V(0)},$$

其中 $k_1 = \dfrac{2^{\beta+1}k_0}{D^\beta(0)}$ 且 $k_0 := \dfrac{\max_{s\in[-\bar{\tau},0]} V(s)}{V(0)}$. 那么，

$$V(s) \leqslant k_0 \mathrm{e}^{k_1(t-s)}V(t), \quad t \in (0, 2\bar{\tau}], s \in [-\bar{\tau}, 0), \tag{5.9}$$

并且
$$\frac{1}{2}V(0) < V(t) < 2V(0), \quad 且 \quad D(t) > \frac{1}{2}D(0), \quad t \in [0, 2\bar{\tau}]. \tag{5.10}$$

证明 由式 (5.6)，通过 Hölder 不等式和式 (5.3)，可以得到

$$\left|\frac{\mathrm{d}}{\mathrm{d}t}\left(\sum_{i=1}^{N}\sum_{j\neq i}|v_i - v_j|^2\right)\right| = \left|-2\sum_{i=1}^{N}\sum_{j\neq i}\tilde{\phi}_{ij}(\tilde{v}_i - \tilde{v}_j)\cdot(v_i - v_j)\right|$$

$$= \left|-2\sum_{i=1}^{N}\sum_{j\neq i}|\tilde{x}_j - \tilde{x}_i|^{-\beta}(\tilde{v}_i - \tilde{v}_j)\cdot(v_i - v_j)\right|$$

$$\leqslant \frac{2}{D^\beta(t)}\left(\sum_{i=1}^{N}\sum_{j\neq i}|\tilde{v}_i - \tilde{v}_j|^2\right)^{\frac{1}{2}}\left(\sum_{i=1}^{N}\sum_{j\neq i}|v_i - v_j|^2\right)^{\frac{1}{2}},$$

这意味着

$$\left|\frac{\mathrm{d}}{\mathrm{d}t}V(t)\right| \leqslant \frac{1}{D^\beta(t)}V(t - \tau(t)), \quad t \geqslant 0. \tag{5.11}$$

然后，由不等式 (5.11) 和 k_0 的定义，有

$$|V'(0)| \leqslant \frac{\max_{s\in[-\bar{\tau},0]}V(s)}{D^\beta(0)} \leqslant \frac{k_0}{D^\beta(0)}V(0).$$

利用 V 的连续可微性和 k_1 的定义，可以得到下面的不等式

$$|V'(t)| < k_1 V(t), \quad D(t) > \frac{1}{2}D(0)$$

在某个时间段内成立. 定义

$$t_0 = \sup\{t \geqslant 0 : |V'(s)| < k_1 V(s), \quad 且 \quad D(t) > \frac{1}{2}D(0), \quad s \in [0, t)\}.$$

下证 $t_0 \geqslant 2\bar{\tau}$：如果 $t_0 < 2\bar{\tau}$，根据上述定义，有

$$|V'(t)| < k_1 V(t), \quad 且 \quad D(t) > \frac{1}{2}D(0), \quad t \in [0, t_0), \tag{5.12}$$

并且

$$V'(t_0) = k_1 V(t_0) \quad 或 \quad V'(t_0) = -k_1 V(t_0) \quad 或 \quad D(t_0) = \frac{1}{2}D(0). \tag{5.13}$$

由式 (5.12)，可得
$$V(s) < e^{k_1(t-s)}V(t), \quad t_0 > t \geqslant s \geqslant 0.$$

当 $s \in [-\bar{\tau}, 0)$ 时，根据 k_0 的定义和不等式 (5.12) 可得
$$V(s) \leqslant k_0 V(0) < k_0 e^{k_1 t}V(t), \quad t_0 > t \geqslant 0 > s \geqslant -\bar{\tau}.$$

结合上述两个不等式，对 $\forall t \in [0, t_0)$，有
$$V(t - \tau(t)) < k_0 e^{k_1 \bar{\tau}}V(t). \tag{5.14}$$

然后，由式 (5.11)、式 (5.12) 和式 (5.14) 得到
$$|V'(t)| < \frac{k_0 e^{k_1 \bar{\tau}}}{D^\beta(t)}V(t) < \frac{2^\beta k_0 e^{k_1 \bar{\tau}}}{D^\beta(0)}V(t), \quad t \in [0, t_0).$$

注意到 $V(t_0) > 0$ 且 $e^{k_1 \bar{\tau}} < 2$，则
$$|V'(t_0)| < k_1 V(t_0).$$

另外，由式 (5.12) 和 $t_0 < 2\bar{\tau}$ 可得，对 $\forall t \in [0, t_0)$，有
$$V(t) < e^{k_1 t}V(0) < 2V(0),$$

则
$$|x_i - x_j|(t_0) \geqslant |x_i - x_j|(0) - \int_0^{t_0}|v_i - v_j|(s)\mathrm{d}s$$
$$\geqslant |x_i - x_j|(0) - \int_0^{t_0}\sqrt{2\sum_{i=1}^N|v_i(s) - v_c(s)|^2}\mathrm{d}s$$
$$\geqslant D(0) - \frac{1}{\sqrt{N}}\int_0^{t_0}V(s)\mathrm{d}s$$
$$> D(0) - \frac{4\bar{\tau}}{\sqrt{N}}V(0) \geqslant \frac{1}{2}D(0).$$

因此，结合上述两个不等式，式 (5.13) 不成立. 从而有
$$|V'(s)| < k_1 V(s) \quad \text{且} \quad D(t) > \frac{1}{2}D(0), \quad s \in [0, 2\bar{\tau}],$$

从中可以得到所需的估计. □

5.2.2 二阶速度–空间距的不等式

为方便起见，定义

$$\Phi_{ij}(t) := \int_{|\tilde{x}_i - \tilde{x}_j|}^{\infty} r\phi(r)\mathrm{d}r.$$

注意到，当 $|\tilde{x}_i - \tilde{x}_j| > 0$ 时，$\Phi_{ij}(t)$ 是良好定义的. 现在为模型 (5.1), (5.2) 建立一个二阶速度–空间矩的不等式.

引理 5.3 令 $D(t) > 0$ 在 $[0, T]$ 上. 假设 $0 \leqslant \tau(t) \in C^2(\mathbb{R}^+)$ 满足

$$L := \max_{t \geqslant 0} \tau'(t) < 1, \quad \bar{\tau} \leqslant 1, \quad \tau''(t) \in L^1(\mathbb{R}^+). \tag{5.15}$$

则模型 (5.1), (5.2) 的全局解 $\{(x_i, v_i)\}_{i=1}^N$, 当 $\phi(r) = r^{-\beta} (\beta > 2)$ 时满足：对 $\forall t \in [\bar{\tau}, T)$, 有

$$\frac{\mathrm{d}}{\mathrm{d}t}\left(\frac{1}{t+1}\sum_{i=1}^N |x_i - (t+1)v_i|^2 + \frac{1}{N(1-\tau'(t))}\sum_{i=1}^N \sum_{j \neq i} \Phi_{ij}(t)\right)$$

$$\leqslant \frac{\tau''}{N(1-\tau')^2}\sum_{i=1}^N \sum_{j \neq i} \Phi_{ij}(t) - g(t) + \frac{16\bar{\tau}}{D^{2\beta}(t)}\int_{t-\bar{\tau}}^t g(s)\mathrm{d}s, \tag{5.16}$$

其中 $g(t) := \dfrac{t+1}{4N}\sum_{i=1}^N \sum_{j \neq i} \tilde{\phi}_{ij}|\tilde{v}_j - \tilde{v}_i|^2.$

证明 由模型 (5.1) 可得

$$\frac{\mathrm{d}}{\mathrm{d}t}\sum_{i=1}^N |x_i - (t+1)v_i|^2$$

$$= \sum_{i=1}^N 2[x_i - (t+1)v_i] \cdot \left[-\frac{t+1}{N}\sum_{j \neq i} \tilde{\phi}_{ij}(\tilde{v}_j - \tilde{v}_i)\right]$$

$$= \sum_{i=1}^N 2\{x_i - (t+1)v_i - [\tilde{x}_i - (t-\tau(t)+1)\tilde{v}_i]\} \cdot \left[-\frac{t+1}{N}\sum_{j \neq i}\tilde{\phi}_{ij}(\tilde{v}_j - \tilde{v}_i)\right] +$$

$$\sum_{i=1}^N 2[\tilde{x}_i - (t-\tau(t)+1)\tilde{v}_i] \cdot \left[-\frac{t+1}{N}\sum_{j \neq i}\tilde{\phi}_{ij}(\tilde{v}_j - \tilde{v}_i)\right]. \tag{5.17}$$

对式 (5.17) 的第二项，有

$$\sum_{i=1}^N 2[\tilde{x}_i - (t-\tau(t)+1)\tilde{v}_i] \cdot \left[-\frac{t+1}{N}\sum_{j \neq i}\tilde{\phi}_{ij}(\tilde{v}_j - \tilde{v}_i)\right]$$

$$= \frac{t+1}{N} \sum_{i=1}^{N} \sum_{j \neq i} \tilde{\phi}_{ij}(\tilde{x}_i - \tilde{x}_j) \cdot (\tilde{v}_i - \tilde{v}_j) -$$

$$\frac{(t-\tau(t)+1)(t+1)}{N} \sum_{i=1}^{N} \sum_{j \neq i} \tilde{\phi}_{ij}|\tilde{v}_i - \tilde{v}_j|^2, \quad t \geqslant 0. \tag{5.18}$$

对式 (5.17) 的第一项，根据 Young 不等式，有

$$-\frac{2(t+1)}{N} \sum_{i=1}^{N} \sum_{j \neq i} \tilde{\phi}_{ij}\{x_i - (t+1)v_i - [\tilde{x}_i - (t-\tau(t)+1)\tilde{v}_i]\} \cdot (\tilde{v}_j - \tilde{v}_i)$$

$$\leqslant \frac{(t+1)^2}{4N} \sum_{i=1}^{N} \sum_{j \neq i} \tilde{\phi}_{ij}|\tilde{v}_j - \tilde{v}_i|^2 +$$

$$4D^{-\beta}(t) \sum_{i=1}^{N} |x_i - (t+1)v_i - [\tilde{x}_i - (t-\tau(t)+1)\tilde{v}_i]|^2. \tag{5.19}$$

注意到

$$x_i - (t+1)v_i - [\tilde{x}_i - (t-\tau(t)+1)\tilde{v}_i] = -\int_{t-\tau(t)}^{t} (s+1)\dot{v}_i(s)\mathrm{d}s, \quad t \geqslant \bar{\tau},$$

那么类似式 (5.8)，有

$$\sum_{i=1}^{N} |x_i - (t+1)v_i - [\tilde{x}_i - (t-\tau(t)+1)\tilde{v}_i]|^2$$

$$= \sum_{i=1}^{N} \left| \int_{t-\tau(t)}^{t} \frac{s+1}{N} \sum_{j \neq i} \tilde{\phi}_{ij}(\tilde{v}_j - \tilde{v}_i)(s)\mathrm{d}s \right|^2$$

$$\leqslant \frac{\bar{\tau}}{ND^{\beta}(t)} \int_{t-\bar{\tau}}^{t} (s+1)^2 \sum_{i=1}^{N} \sum_{j \neq i} \tilde{\phi}_{ij}|\tilde{v}_j - \tilde{v}_i|^2(s)\mathrm{d}s, \quad t \geqslant \bar{\tau}. \tag{5.20}$$

因此，由式 (5.19) 和式 (5.20) 可得

$$-\frac{2(t+1)}{N} \sum_{i=1}^{N} \sum_{j \neq i} \tilde{\phi}_{ij}\{x_i - (t+1)v_i - [\tilde{x}_i - (t-\tau(t)+1)\tilde{v}_i]\} \cdot (\tilde{v}_j - \tilde{v}_i)$$

$$\leqslant \frac{(t+1)^2}{4N} \sum_{i=1}^{N} \sum_{j \neq i} \tilde{\phi}_{ij}|\tilde{v}_j - \tilde{v}_i|^2 +$$

$$\frac{4\bar{\tau}}{ND^{2\beta}(t)}\int_{t-\bar{\tau}}^{t}(s+1)^2\sum_{i=1}^{N}\sum_{j\neq i}\tilde{\phi}_{ij}|\tilde{v}_j-\tilde{v}_i|^2(s)\mathrm{d}s, \quad t\geqslant \bar{\tau}. \tag{5.21}$$

结合式 (5.17)、式 (5.18) 和式 (5.21)，有

$$\frac{\mathrm{d}}{\mathrm{d}t}\sum_{i=1}^{N}|x_i-(t+1)v_i|^2$$
$$\leqslant -\left[\frac{(t-\bar{\tau}+1)(t+1)}{N}-\frac{(t+1)^2}{4N}\right]\sum_{i=1}^{N}\sum_{j\neq i}\tilde{\phi}_{ij}|\tilde{v}_j-\tilde{v}_i|^2+$$
$$\frac{4\bar{\tau}}{ND^{2\beta}(t)}\int_{t-\bar{\tau}}^{t}(s+1)^2\sum_{i=1}^{N}\sum_{j\neq i}\tilde{\phi}_{ij}|\tilde{v}_j-\tilde{v}_i|^2(s)\mathrm{d}s+$$
$$\frac{t+1}{N}\sum_{i=1}^{N}\sum_{j\neq i}\tilde{\phi}_{ij}(\tilde{x}_i-\tilde{x}_j)\cdot(\tilde{v}_i-\tilde{v}_j)$$
$$\leqslant -\frac{(t+1)^2}{4N}\sum_{i=1}^{N}\sum_{j\neq i}\tilde{\phi}_{ij}|\tilde{v}_j-\tilde{v}_i|^2+$$
$$\frac{4\bar{\tau}}{ND^{2\beta}(t)}\int_{t-\bar{\tau}}^{t}(s+1)^2\sum_{i=1}^{N}\sum_{j\neq i}\tilde{\phi}_{ij}|\tilde{v}_j-\tilde{v}_i|^2(s)\mathrm{d}s+$$
$$\frac{t+1}{N}\sum_{i=1}^{N}\sum_{j\neq i}\tilde{\phi}_{ij}(\tilde{x}_i-\tilde{x}_j)\cdot(\tilde{v}_i-\tilde{v}_j), \quad t\geqslant \bar{\tau}. \tag{5.22}$$

因此，

$$\frac{\mathrm{d}}{\mathrm{d}t}\left(\frac{1}{t+1}\sum_{i=1}^{N}|x_i-(t+1)v_i|^2\right)$$
$$\leqslant -\sum_{i=1}^{N}\sum_{j\neq i}\left|v_i-\frac{x_i}{t+1}\right|^2-\frac{t+1}{4N}\sum_{i=1}^{N}\sum_{j\neq i}\tilde{\phi}_{ij}|\tilde{v}_j-\tilde{v}_i|^2+$$
$$\frac{4\bar{\tau}}{ND^{2\beta}(t)}\int_{t-\bar{\tau}}^{t}(s+1)\sum_{i=1}^{N}\sum_{j\neq i}\tilde{\phi}_{ij}|\tilde{v}_j-\tilde{v}_i|^2(s)\mathrm{d}s+$$
$$\frac{1}{N}\sum_{i=1}^{N}\sum_{j\neq i}\tilde{\phi}_{ij}(\tilde{x}_i-\tilde{x}_j)\cdot(\tilde{v}_i-\tilde{v}_j)$$

$$\leqslant -g(t)+\frac{16\bar{\tau}}{D^{2\beta}(t)}\int_{t-\bar{\tau}}^{t}g(s)\mathrm{d}s+$$
$$\frac{1}{N}\sum_{i=1}^{N}\sum_{j\neq i}\tilde{\phi}_{ij}(\tilde{x}_i-\tilde{x}_j)\cdot(\tilde{v}_i-\tilde{v}_j),\quad t\geqslant \bar{\tau}.$$

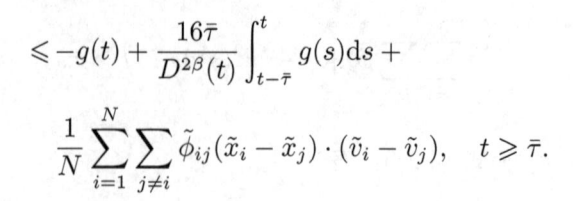

由 Φ 的定义可得

$$\frac{\mathrm{d}}{\mathrm{d}t}\left[\frac{1}{N(1-\tau'(t))}\sum_{i=1}^{N}\sum_{j\neq i}\Phi_{ij}(t)\right]$$
$$=\frac{\tau''}{N(1-\tau')^2}\sum_{i=1}^{N}\sum_{j\neq i}\Phi_{ij}(t)-\frac{1}{N}\sum_{i=1}^{N}\sum_{j\neq i}\tilde{\phi}_{ij}(\tilde{x}_i-\tilde{x}_j)\cdot(\tilde{v}_i-\tilde{v}_j),\quad t\geqslant \bar{\tau}.$$

结合上述两个估计, 可以得到式 (5.16). □

5.2.3 空间直径的正下界

定理 5.1 令 $V(0), D(0)>0$. 假设 $0\leqslant \tau(t)\in C^2(\mathbb{R}^+)$ 满足式 (5.15), 则当 $\bar{\tau}<\tau_0$ 时, 模型 (5.1), (5.2) 的全局解 $\{(x_i,v_i)\}_{i=1}^{N}$, 其中 $\phi(r)=r^{-\beta}(\beta>2)$ 可以避免碰撞, $\tau_0>0$ 是一个依赖于初值的足够小的常数.

证明 由引理 5.2 有 $D(2\bar{\tau})>\frac{1}{2}D(0)$. 若进一步假设

$$\bar{\tau}<2^{-2-\beta}D^{\beta}(0), \tag{5.23}$$

则可得 $16\bar{\tau}^2 D^{-2\beta}(2\bar{\tau})<1$. 此时, $16\bar{\tau}^2 D^{-2\beta}(t)<1$ 在某个时间段内成立. 定义

$$t_1=\sup\{t\geqslant 0:16\bar{\tau}^2 D^{-2\beta}(t)<1\}.$$

现在, 只需证 $t_1=+\infty$, 若不然, 有

$$16\bar{\tau}^2 D^{-2\beta}(t_1)=1,\quad 16\bar{\tau}^2 D^{-2\beta}(t)<1,\quad t\in[0,t_1). \tag{5.24}$$

第一步 Φ_{ij} 的有界性. 通过对式 (5.16) 在 $[\bar{\tau},t]$ 上积分, 有

$$\frac{1}{t+1}\sum_{i=1}^{N}|x_i-(t+1)v_i|^2+\frac{1}{N(1-\tau'(t))}\sum_{i=1}^{N}\sum_{j\neq i}\Phi_{ij}(t)$$
$$\leqslant \frac{1}{\bar{\tau}+1}\sum_{i=1}^{N}|x_i(\bar{\tau})-(\bar{\tau}+1)v_i(\bar{\tau})|^2+\frac{1}{N(1-\tau'(\bar{\tau}))}\sum_{i=1}^{N}\sum_{j\neq i}\Phi_{ij}(\bar{\tau})+$$

$$\int_{\bar{\tau}}^{t} \frac{\tau''(s)}{N(1-\tau'(s))^2} \sum_{i=1}^{N}\sum_{j\neq i} \Phi_{ij}(s)\mathrm{d}s -$$

$$\int_{\bar{\tau}}^{t} g(s)\mathrm{d}s + \int_{\bar{\tau}}^{t} \frac{16\bar{\tau}}{D^{2\beta}(s)} \int_{s-\bar{\tau}}^{s} g(\sigma)\mathrm{d}\sigma \mathrm{d}s.$$

通过交换最后项的积分顺序, 可得

$$\int_{\bar{\tau}}^{t} \frac{16\bar{\tau}}{D^{2\beta}(s)} \int_{s-\bar{\tau}}^{s} g(\sigma)\mathrm{d}\sigma \mathrm{d}s - \int_{\bar{\tau}}^{t} g(s)\mathrm{d}s$$

$$= \int_{0}^{t} \left[\int_{\max\{\sigma,\bar{\tau}\}}^{\min\{t,\sigma+\bar{\tau}\}} \frac{16\bar{\tau}}{D^{2\beta}(s)}\mathrm{d}s\right] g(\sigma)\mathrm{d}\sigma - \int_{\bar{\tau}}^{t} g(s)\mathrm{d}s$$

$$\leqslant \left(\int_{0}^{\bar{\tau}} + \int_{\bar{\tau}}^{t}\right) \left[\int_{\max\{\sigma,\bar{\tau}\}}^{\min\{t,\sigma+\bar{\tau}\}} \frac{16\bar{\tau}}{D^{2\beta}(s)}\mathrm{d}s\right] g(\sigma)\mathrm{d}\sigma - \int_{\bar{\tau}}^{t} g(s)\mathrm{d}s$$

$$\leqslant \frac{16\bar{\tau}^2}{D^{2\beta}(2\bar{\tau})} \int_{0}^{\bar{\tau}} g(s)\mathrm{d}s - \left(1 - \frac{16\bar{\tau}^2}{D^{2\beta}(t)}\right) \int_{\bar{\tau}}^{t} g(s)\mathrm{d}s$$

$$\leqslant \frac{4^{2+\beta}\bar{\tau}^2}{D^{2\beta}(0)} \int_{0}^{\bar{\tau}} g(s)\mathrm{d}s, \tag{5.25}$$

其中最后一个不等式是根据式 (5.10) 和 t_1 的定义得到的. 因此, 结合上述两个不等式, 得到

$$\frac{1}{N(1-\tau'(t))} \sum_{i=1}^{N}\sum_{j\neq i} \Phi_{ij}(t)$$

$$\leqslant \frac{1}{\bar{\tau}+1} \sum_{i=1}^{N} |x_i(\bar{\tau}) - (\bar{\tau}+1)v_i(\bar{\tau})|^2 + \frac{1}{N(1-L)} \sum_{i=1}^{N}\sum_{j\neq i} \Phi_{ij}(\bar{\tau}) +$$

$$\frac{4^{2+\beta}\bar{\tau}^2}{D^{2\beta}(0)} \int_{0}^{\bar{\tau}} g(s)\mathrm{d}s + \int_{\bar{\tau}}^{t} \frac{\tau''(s)}{N(1-\tau'(s))^2} \sum_{i=1}^{N}\sum_{j\neq i} \Phi_{ij}(s)\mathrm{d}s$$

$$\leqslant C_0(\bar{\tau}) + \int_{\bar{\tau}}^{t} \frac{\tau''(s)}{N(1-\tau'(s))^2} \sum_{i=1}^{N}\sum_{j\neq i} \Phi_{ij}(s)\mathrm{d}s, \quad t \in [\tilde{\tau}, t_1]. \tag{5.26}$$

其中

$$C_0(\bar{\tau}) = \frac{1}{\bar{\tau}+1} \sum_{i=1}^{N} |x_i(\bar{\tau}) - (\bar{\tau}+1)v_i(\bar{\tau})|^2 +$$

$$\frac{\sum_{i=1}^{N}\sum_{j\neq i}\Phi_{ij}(\bar{\tau})}{N(1-L)} + \frac{4^{2+\beta}\bar{\tau}^2}{D^{2\beta}(0)}\int_0^{\bar{\tau}} g(s)\mathrm{d}s. \tag{5.27}$$

第二步 V 的有界性. 令 $h(t) = \sum_{i=1}^{N}\sum_{j\neq i} \tilde{\phi}_{ij}|\tilde{v}_i - \tilde{v}_j|^2$，由式 (5.5) 可得

$$\frac{\mathrm{d}}{\mathrm{d}t}\left(\sum_{i=1}^{N}\sum_{j\neq i} |v_i - v_j|^2\right) \leqslant -h(t) + 4\bar{\tau}D^{-2\beta}(t)\int_{t-\bar{\tau}}^{t} h(s)\mathrm{d}s, \quad t \geqslant \bar{\tau}.$$

然后在 $[\bar{\tau}, t]$ 上对上述不等式积分. 类似于式 (5.25)，由式 (5.10) 和 t_1 的定义可得

$$\sum_{i=1}^{N}\sum_{j\neq i}|v_i - v_j|^2$$
$$\leqslant \sum_{i=1}^{N}\sum_{j\neq i}|v_i - v_j|^2(\bar{\tau}) + \frac{4\bar{\tau}^2}{D^{2\beta}(2\bar{\tau})}\int_0^{\bar{\tau}} h(s)\mathrm{d}s - \left(1 - \frac{4\bar{\tau}^2}{D^{2\beta}(t)}\right)\int_{\bar{\tau}}^{t} h(s)\mathrm{d}s$$
$$\leqslant \sum_{i=1}^{N}\sum_{j\neq i}|v_i - v_j|^2(\bar{\tau}) + \frac{4^{\beta+1}\bar{\tau}^2}{D^{2\beta}(0)}\int_0^{\bar{\tau}} h(s)\mathrm{d}s - \left(1 - \frac{4\bar{\tau}^2}{D^{2\beta}(t)}\right)\int_{\bar{\tau}}^{t} h(s)\mathrm{d}s$$
$$\leqslant C_1(\bar{\tau}), \quad t \in [\bar{\tau}, t_1]. \tag{5.28}$$

其中

$$C_1(\bar{\tau}) := \sum_{i=1}^{N}\sum_{j\neq i}|v_i - v_j|^2(\bar{\tau}) + \frac{4^{\beta+1}\bar{\tau}^2}{D^{2\beta}(0)}\int_0^{\bar{\tau}} h(s)\mathrm{d}s. \tag{5.29}$$

第三步 $D(t)$ 的正下界. 如果 $t_1 < +\infty$，从式 (5.28) 和式 (5.3) 可以得到

$$|v_i - v_j| \leqslant \sqrt{\frac{2C_1(\bar{\tau})}{N}}, \quad t \in [2\bar{\tau}, t_1]. \tag{5.30}$$

同时，由式 (5.26) 和 Grönwall 不等式，有

$$\frac{1}{N(1-\tau'(t))}\sum_{i=1}^{N}\sum_{j\neq i}\Phi_{ij}(t) = \frac{1}{N(1-\tau'(t))(\beta-2)}\sum_{i=1}^{N}\sum_{j\neq i}(|\tilde{x}_i - \tilde{x}_j|)^{2-\beta}$$
$$\leqslant C_0(\bar{\tau})\exp\left\{\frac{\|\tau''\|_{L^1}}{1-L}\right\}, \quad t \in [2\bar{\tau}, t_1],$$

进而

$$|\tilde{x}_i - \tilde{x}_j| \geqslant \left[N(\beta-2)(1-\inf \tau')C_0(\bar{\tau})\exp\left\{\frac{\|\tau''\|_{L^1}}{1-L}\right\}\right]^{-\frac{1}{\beta-2}}, \quad t \in [2\bar{\tau}, t_1].$$

结合上述不等式与式 (5.30)，对任意 $i \neq j$ 和 $t \in [2\bar{\tau}, t_1)$，有

$$|x_i - x_j| \geqslant \left[N(\beta-2)(1-L+\|\tau''\|_{L^1})C_0(\bar{\tau})\exp\left\{\frac{\|\tau''\|_{L^1}}{1-L}\right\}\right]^{-\frac{1}{\beta-2}} - \sqrt{\frac{2C_1(\bar{\tau})}{N}}\bar{\tau}. \tag{5.31}$$

由 $\inf \tau' \geqslant \sup \tau' - \|\tau''\|_{L^1}$，又由 $C_0(\bar{\tau}), C_1(\bar{\tau})$ 的定义式 (5.27) 和式 (5.29)，通过进一步限制 $\bar{\tau}$，可以得到

$$\left[N(\beta-2)(1-L+\|\tau''\|_{L^1})C_0(\bar{\tau})\exp\left\{\frac{\|\tau''\|_{L^1}}{1-L}\right\}\right]^{-\frac{1}{\beta-2}} - \sqrt{\frac{2C_1(\bar{\tau})}{N}}\bar{\tau}$$
$$> (16\bar{\tau}^2)^{\frac{1}{2\beta}}. \tag{5.32}$$

结合式 (5.32) 和式 (5.31)，可得对 $\forall t \in [2\bar{\tau}, t_1]$，有 $|x_i - x_j| > (16\bar{\tau}^2)^{\frac{1}{2\beta}}$，因此

$$16\bar{\tau}^2 D^{-2\beta}(t_1) < 1,$$

而这与式 (5.24) 矛盾. 所以，$t_1 = \infty$ 和 $D(t)$ 有一个依赖于初值的正下界. □

附注 5.1 对于 $\beta = 2$ 的情况，上述方法同样表明 $D(t) > 0$ 在任意有限时间段内成立. 在这种情况下不能给出 $D(t)$ 的正下界.

5.3 群集行为的充分条件

下面考虑模型 (5.1), (5.2) 的群集行为，可使用式 (5.4) 和 $D(t)$ 的正下界来得到关于 $V(t)$ 的不等式，从而证明群集的主要结果.

定理 5.2 假设 $V(0), D(0) > 0$. 令 $\phi(r) = r^{-\beta}$，其中 $\beta > 2$. 假设 $0 \leqslant \tau(t) \in C^2(\mathbb{R}^+)$ 满足式 (5.15). 则当 $\bar{\tau}$ 充分小且

$$\frac{4\beta^\beta}{(\beta-1)^{\beta-1}} c_2 c_1^{\beta-1} < 1 \tag{5.33}$$

时，模型 (5.1), (5.2) 的全局解 $\{(x_i, v_i)\}_{i=1}^N$ 展现出群集行为，其中

$$c_1 := N^{-\frac{1}{2}} X(0) + k_1^{-1} N^{-\frac{1}{2}} V(0), \quad c_2 := N^{-\frac{1}{2}} V(0).$$

证明 首先，假设式 (5.33) 等价于存在一个正常数 λ 使得

$$4\lambda \left(c_1 + \lambda^{-1} c_2\right)^\beta < 1. \tag{5.34}$$

事实上,当 $\lambda = \lambda_0 := c_1^{-1} c_2 (\beta-1)$ 时,式 (5.34) 左边的最小值等于 $\dfrac{4\beta^\beta}{(\beta-1)^{\beta-1}} c_2 c_1^{\beta-1}$.

第一步 展示 $V(t)$ 的基本不等式. 对 $\forall t \geqslant \bar{\tau}$, 得到

$$\frac{\mathrm{d}}{\mathrm{d}t} V(t) \leqslant -\frac{1}{2} \phi \left(N^{-\frac{1}{2}} X(0) + N^{-\frac{1}{2}} \int_0^t V(s) \mathrm{d}s \right) V(t) +$$
$$32 k_0^2 \bar{\tau}^2 D_{\min}^{-3\beta} V(t), \tag{5.35}$$

其中 $D_{\min} := \min\limits_{t \geqslant -\bar{\tau}} D(t) \geqslant (4\tau_0)^{\frac{1}{\beta}}$. 由式 (5.5)、式 (5.9) 和 ϕ 的递减性可得, 对 $\forall t \geqslant \bar{\tau}$, 有

$$\frac{\mathrm{d}}{\mathrm{d}t} V^2(t) \leqslant -\sum_{i=1}^N \sum_{j \neq i} \tilde{\phi}_{ij} |v_i - v_j|^2 + 4\bar{\tau} D_{\min}^{-3\beta} \int_{t-\bar{\tau}}^t \sum_{i=1}^N V^2(s - \tau(s)) \mathrm{d}s$$

$$\leqslant -\phi \left(\frac{X(t - \tau(t))}{\sqrt{N}} \right) V^2(t) + 4k_0^2 \bar{\tau} D_{\min}^{-3\beta} V^2(t) \int_{t-\bar{\tau}}^t \mathrm{e}^{2k_1(t-s+\tau(s))} \mathrm{d}s$$

$$\leqslant -\phi \left(N^{-\frac{1}{2}} X(0) + N^{-\frac{1}{2}} \int_0^t V(s) \mathrm{d}s \right) V^2(t) + 64 k_0^2 \bar{\tau}^2 D_{\min}^{-3\beta} V^2(t),$$

因为 $|x_j - x_i| \leqslant \dfrac{1}{\sqrt{N}} X$, $X(t - \tau(t)) \leqslant X(0) + \int_0^t V(s) \mathrm{d}s$ 以及 $\mathrm{e}^{k_1 \bar{\tau}} < 2$, 所以得到了式 (5.35).

第二步 迭代的第一步. 结合式 (5.5) 与式 (5.28), 对 $\forall t \geqslant \bar{\tau}$, 可得

$$\sum_{i=1}^N \sum_{j \neq i} |v_i - v_j|^2 \leqslant \sum_{i=1}^N \sum_{j \neq i} |v_i - v_j|^2(\bar{\tau}) + 4\bar{\tau}^2 D_{\min}^{-2\beta} \int_0^{\bar{\tau}} \sum_{i=1}^N \sum_{j \neq i} \tilde{\phi}_{ij} |\tilde{v}_j - \tilde{v}_i|^2(s) \mathrm{d}s.$$

所以, 由引理 5.2 可得, 存在一个仅依赖于 k_0 的常数 $c_0 > 2$ 使得

$$\sup_{t \geqslant \bar{\tau}} V(t) \leqslant \sqrt{V^2(\bar{\tau}) + 4\bar{\tau}^2 D_{\min}^{-3\beta} \int_0^{\bar{\tau}} V^2(s - \tau(s)) \mathrm{d}s}$$

$$\leqslant \sqrt{4V^2(0) + 4\bar{\tau}^3 D_{\min}^{-3\beta} \max\{4, k_0^2\} V^2(0)} \leqslant c_0 V(0).$$

因此,
$$V(t) \leqslant c_0 V(0), \quad t \geqslant 0. \tag{5.36}$$

由式 (5.10) 可得 $\int_0^{\bar{\tau}} V(s)\mathrm{d}s \leqslant k_1^{-1} V(0)$. 由式 (5.36) 可得,对 $\forall t \geqslant \bar{\tau}$,有

$$\begin{aligned}\frac{\mathrm{d}}{\mathrm{d}t}V(t) \leqslant & -\left[\frac{1}{2}\phi\left(N^{-\frac{1}{2}}X(0) + N^{-\frac{1}{2}}\int_0^{\bar{\tau}} V(s)\mathrm{d}s + N^{-\frac{1}{2}}c_0 V(0)(t-\bar{\tau})\right) - \right. \\ & \left. 32k_0^2 \bar{\tau}^2 D_{\min}^{-3\beta}\right]V(t) \\ \leqslant & -\left[\frac{1}{2}\phi\left(c_1 + N^{-\frac{1}{2}}c_0 V(0)(t-\bar{\tau})\right) - 32k_0^2 \bar{\tau}^2 D_{\min}^{-3\beta}\right]V(t), \end{aligned} \tag{5.37}$$

其中 $c_1 = N^{-\frac{1}{2}}X(0) + k_1^{-1}N^{-\frac{1}{2}}V(0)$.

注意到由式 (5.34) 可得,存在 $t_1 > \bar{\tau}$ 使得

$$\frac{1}{2}\left(c_1 + N^{-\frac{1}{2}}c_0 V(0)(t_1-\bar{\tau})\right)^{-\beta} \geqslant 2\lambda_0.$$

通过选择足够小的 $\bar{\tau}$,以下不等式也成立:

$$2\lambda_0 \geqslant 64k_0^2 \bar{\tau}^2 D_{\min}^{-3\beta}. \tag{5.38}$$

结合上述两个不等式与式 (5.37) 可得

$$V'(t) \leqslant -\lambda_0 V(t), \quad t \in [\bar{\tau}, t_1], \tag{5.39}$$

这导致

$$V(t) \leqslant \mathrm{e}^{-\lambda_0(t-\bar{\tau})}V(\bar{\tau}).$$

因此

$$\int_{\bar{\tau}}^{t} V(s)\mathrm{d}s < \frac{V(\bar{\tau})}{\lambda_0} \leqslant \frac{2V(0)}{\lambda_0}, \quad t \in [\bar{\tau}, t_1]. \tag{5.40}$$

因为式 (5.10) 给出了 $V(\bar{\tau}) \leqslant 2V(0)$.

第三步 迭代的第二步. 再次使用式 (5.35),由 $\int_0^{\bar{\tau}} V(s)\mathrm{d}s \leqslant k_1^{-1}V(0)$,式 (5.36) 和式 (5.40),对 $\forall t \geqslant t_1$,有

$$\frac{\mathrm{d}}{\mathrm{d}t}V(t) \leqslant -\frac{1}{2}\phi\left(N^{-\frac{1}{2}}X(0) + N^{-\frac{1}{2}}\left(\int_0^{\bar{\tau}} + \int_{\bar{\tau}}^{t_1} + \int_{t_1}^{t}\right)V(s)\mathrm{d}s\right)V(t)+$$

$$32k_0^2\bar{\tau}^2 D_{\min}^{-3\beta}V(t)$$
$$\leqslant -\frac{1}{2}\phi\left(N^{-\frac{1}{2}}X(0)+k_1^{-1}N^{-\frac{1}{2}}V(0)+2\lambda_0^{-1}N^{-\frac{1}{2}}V(0)+N^{-\frac{1}{2}}c_0V(0)(t-t_1)\right)V(t)+$$
$$32k_0^2\bar{\tau}^2 D_{\min}^{-3\beta}V(t)$$
$$\leqslant -\left[\frac{1}{2}\phi\left(c_1+\lambda_0^{-1}c_2+N^{-\frac{1}{2}}c_0V(0)(t-t_1)\right)-32k_0^2\bar{\tau}^2 D_{\min}^{-3\beta}\right]V(t), \qquad (5.41)$$

其中 $c_2 = 2N^{-\frac{1}{2}}V(0)$. 根据式 (5.34)，存在 $\Delta > 0$ 使得

$$\frac{1}{2}\left(c_1+\lambda_0^{-1}c_2+N^{-\frac{1}{2}}c_0V(0)\Delta\right)^{-\beta} \geqslant 2\lambda_0 \geqslant 64k_0^2\bar{\tau}^2 D_{\min}^{-3\beta}. \qquad (5.42)$$

则从式 (5.41) 可得

$$V'(t) \leqslant -\lambda_0 V(t), \quad t \in [t_1, t_1+\Delta].$$

结合上述不等式和式 (5.39)，得到式 (5.40) 对 $\forall t \in [\bar{\tau}, t_1+\Delta]$ 成立.

第四步 迭代的其他步骤. 类似于式 (5.41)，对 $\forall t \geqslant t_1+\Delta$，可得

$$\frac{\mathrm{d}}{\mathrm{d}t}V(t) \leqslant -\left[\frac{1}{2}\phi\left(c_1+\lambda_0^{-1}c_2+N^{-\frac{1}{2}}c_0V(0)(t-t_1-\Delta)\right)-32k_0^2\bar{\tau}^2 D_{\min}^{-3\beta}\right]V(t).$$

然后，由式 (5.34) 可得对 $\forall t \in [t_1+\Delta, t_1+2\Delta]$，有 $V'(t) \leqslant -\lambda_0 V(t)$. 通过归纳可以得到对 $\forall t \geqslant \bar{\tau}$, $V'(t) \leqslant -\lambda_0 V(t)$ 都成立，这意味着 $V(t) \leqslant \mathrm{e}^{-\lambda_0(t-\bar{\tau})}V(\bar{\tau})$. 再结合引理 5.2，证明完成. □

附注 5.2 由式 (5.38) 和式 (5.42) 可得，$\bar{\tau}$ 应该足够小以满足

$$\bar{\tau} \leqslant \sqrt{\frac{\lambda_0 D_{\min}^{3\beta}}{32k_0^2}}.$$

根据 λ_0 的定义和 $D_{\min} \geqslant (4\tau_0)^{\frac{1}{3}}$，上述定理中 $\bar{\tau}$ 的条件可以给出

$$\bar{\tau} < \min\left\{\tau_0, \sqrt{\frac{2c_2(\beta-1)\tau_0^3}{k_0^2 c_1}}\right\}.$$

第 6 章

具有 Riesz 位势的 Cucker-Smale 模型

在许多情况下，智能体不仅受到对齐作用力的驱动，还受到其他相互吸引或排斥的作用力的影响. 因此，考虑具有成对势能的 C-S 模型是很必要的. 本章考虑了具有 Riesz 位势的 C-S 模型的大时间行为. 6.1 节对系统进行了描述并且说明了一些主要结果；6.2 节主要给出了一些基本性质；6.3 节通过引入人工"势能"，建立了一个关键不等式；6.4 节详细证明了群集行为的不存在性.

6.1 问题描述

本章考虑具有势能的 C-S 模型：

$$\begin{cases} \dot{x}_i = v_i, \quad i = 1, 2, \cdots, N, \\ \dot{v}_i = -\dfrac{1}{N}\sum_{j\neq i}\phi(|x_i-x_j|)(v_i-v_j) - \dfrac{1}{N}\sum_{j\neq i}\nabla K(|x_i-x_j|), \\ (x_i(0), v_i(0)) = (x_{i0}, v_{i0}). \end{cases} \quad (6.1)$$

同时考虑动理学模型,它可以形式化地看作上述离散模型的平均场极限. 设 $f(t, x, v)$ 为粒子在时间 $t \geqslant 0$ 和位置 $x \in \mathbb{R}^3$ 以速度 $v \in \mathbb{R}^3$ 运动时的微观密度. 具有成对势能的动理学 C-S 模型为

$$\begin{cases} \partial_t f + v \cdot \nabla_x f + \mathrm{div}_v[(L[f] - \nabla K * \rho)f] = 0, \\ L[f](t,x,v) = -\int_{\mathbb{R}^6} (v-w)\phi(|x-y|)f(t,y,w)\mathrm{d}y\mathrm{d}w, \\ \rho(t,x) = \int_{\mathbb{R}^3} f(t,x,v)\mathrm{d}v, \\ f(0,x,v) = f_0(x,v). \end{cases} \tag{6.2}$$

$L[f]$ 代表速度对齐作用力，$-\nabla K * \rho$ 代表势能下的相互作用力.

在模型 (6.2) 中，考虑单动理学密度 $f(t,x,v) = \rho(t,x)\delta(v-u(t,x))$，并忽略压力，得到如下具有势能的无压 Euler 对齐模型：

$$\begin{cases} \partial_t \rho + \mathrm{div}_x(\rho u) = 0, \\ \partial_t u + u \cdot \nabla_x u = \int_{\mathbb{R}^3} (u(t,y)-u(t,x))\phi(|x-y|)\rho(t,y)\mathrm{d}y - \nabla K * \rho. \end{cases} \tag{6.3}$$

对于 Riesz 和对数位势的情况，本章将建立群集行为的不存在性. 仅以动理学模型为例.

假设 6.1 令 $K = \sigma \sum_{i=1}^m V_i$，其中 $\sigma = \pm 1$, $m \geqslant 1$，$V_i \in C^2(\mathbb{R}^+)$ 满足

$$\lim_{r \to +\infty} V_i(r) = 0, \quad V_i'(r) \approx r^{\alpha_i - 1}, \quad -2 < \alpha_1 < \alpha_2 < \cdots < \alpha_m \leqslant 0.$$

这里，$\sigma = 1$ 和 -1 分别表示吸引和排斥的情况.

定理 6.1 令 K 满足假设 6.1，假设 $\phi \in C_b^1(\mathbb{R}^+)$ 满足 $0 \leqslant \phi \leqslant 1$，且初值 $f_0 \in C_c^1(\mathbb{R}^6) \cap \mathcal{P}(\mathbb{R}^6)$. 若 f 为模型 (6.2) 的全局经典解，则不存在群集行为. 对于斥力的情况，即 $\sigma = -1$，有

$$\int |x|^2 \rho(t,x)\mathrm{d}x \geqslant Ct^{\frac{2}{2-\alpha_m}} - 1.$$

附注 6.1 定理 6.1 中的非群集行为对离散模型 (6.1) 和流体模型 (6.3) 都成立.

6.2 基本性质

首先给出模型 (6.2) 的群集行为和一致性的定义.

定义 6.1　模型 (6.2) 呈现出群集行为当且仅当

$$\begin{cases} \lim\limits_{t\to\infty}\iiiint |v-w|^2 f(t,x,v)f(t,y,w)\mathrm{d}x\mathrm{d}v\mathrm{d}y\mathrm{d}w = 0, \\ \sup\limits_{t\geqslant 0}\iint |x-y|^2 \rho(t,x)\rho(t,y)\mathrm{d}x\mathrm{d}y < \infty. \end{cases}$$

模型 (6.2) 达到一致性当且仅当

$$\begin{cases} \lim\limits_{t\to\infty}\iiiint |v-w|^2 f(t,x,v)f(t,y,w)\mathrm{d}x\mathrm{d}v\mathrm{d}y\mathrm{d}w = 0, \\ \lim\limits_{t\to\infty}\iint |x-y|^2 \rho(t,x)\rho(t,y)\mathrm{d}x\mathrm{d}y = 0. \end{cases}$$

对于流体模型 (6.3)，群集行为和一致的定义是相似的.

因为模型 (6.2) 是 Galilean 不变的，为简便起见，可以作如下假设：

假设 6.2　非负的初值 $f_0 \in C_c^1(\mathbb{R}^6) \cap \mathcal{P}(\mathbb{R}^6)$ 满足

$$\begin{cases} \iint v f_0(x,v)\mathrm{d}x\mathrm{d}v = 0, \\ \iint x f_0(x,v)\mathrm{d}x\mathrm{d}v = 0. \end{cases}$$

下面给出模型 (6.2) 经典解的一些基本性质. 由质量和动量守恒，可以从上面的假设得到

$$\begin{cases} \iint f(t,x,v)\mathrm{d}x\mathrm{d}v = 1, \\ \iint v f(t,x,v)\mathrm{d}x\mathrm{d}v = 0, \\ \iint x f(t,x,v)\mathrm{d}x\mathrm{d}v = 0. \end{cases} \tag{6.4}$$

然后定义模型 (6.2) 在 t 时刻的能量为

$$\mathcal{E}(t) := \iint |v|^2 f \mathrm{d}x\mathrm{d}v + \iint K(|x-y|)\rho(t,x)\rho(t,y)\mathrm{d}x\mathrm{d}y.$$

为方便起见，动能 $\iint |v|^2 f \mathrm{d}x\mathrm{d}v$ 和势能 $\iint K(|x-y|)\rho(t,x)\rho(t,y)\mathrm{d}x\mathrm{d}y$ 分别用 $\mathcal{E}_k(t)$ 和 $\mathcal{E}_p(t)$ 表示.

引理 6.1 令 f 为模型 (6.2) 的经典解，其中 f_0 满足假设 6.2. 令 ϕ 满足条件 (1.4)，则

$$\frac{\mathrm{d}}{\mathrm{d}t}\mathcal{E}(t) \leqslant -2\phi(D(t))\mathcal{E}_k(t), \qquad (6.5)$$

其中 $D(t)$ 为空间直径，即

$$D(t) := \sup_{(x,v),(y,w)\in \mathrm{supp} f(t)} |x-y|.$$

证明 由式 (6.2) 可知，能量的耗散为

$$\frac{\mathrm{d}}{\mathrm{d}t}\mathcal{E}(t) = -\iiiint |v-w|^2 \phi(|x-y|) f(t,x,v) f(t,y,w) \mathrm{d}x \mathrm{d}v \mathrm{d}y \mathrm{d}w.$$

根据 $D(t)$ 的定义、ϕ 的递减和式 (6.4)，可以得到

$$\begin{aligned}\frac{\mathrm{d}}{\mathrm{d}t}\mathcal{E}(t) &\leqslant -\phi(D(t))\iiiint |v-w|^2 f(t,x,v) f(t,y,w) \mathrm{d}x \mathrm{d}v \mathrm{d}y \mathrm{d}w \\ &= -2\phi(D(t))\mathcal{E}_k(t).\end{aligned}$$

因此，所需不等式已得证. $\square$

6.3 人工势能

显然，能量不等式 (6.5) 是重要的，但它不足以建立模型 (6.2) 的大时间行为. 注意，势能 $\mathcal{E}_p(t)$ 只包含 $\iint K(|x-y|)\rho(t,x)\rho(t,y)\mathrm{d}x\mathrm{d}y$，表示成对吸引相互作用. 但是，粒子之间还有另一种相互作用：速度对齐. 为了描述它，定义如下人工势能：

$$\iint \Phi(|x-y|)\rho(t,x)\rho(t,y)\mathrm{d}x\mathrm{d}y, \qquad \Phi(r) = \int_0^r s\phi(s)\mathrm{d}r. \qquad (6.6)$$

对于不含 K 的模型 (6.2)，文献 [18] 中引入了该势能.

现在建立了关于该势能的几个等式，这些等式对于考虑具有 Riesz 位势的模型 (6.2) 至关重要.

引理 6.2 假设 $\phi \in C_b^1(\mathbb{R}^+)$ 满足 $0 \leqslant \phi \leqslant 1$. 令 f 为模型 (6.2) 的经典解. 其中，f_0 满足假设 6.2，则有

$$\frac{\mathrm{d}}{\mathrm{d}t}\left((t+1)\iint \left|v-\frac{x}{t+1}\right|^2 f \mathrm{d}x\mathrm{d}v - \iint \Phi(|x-y|)\rho(t,x)\rho(t,y)\mathrm{d}x\mathrm{d}y + \right.$$

第 6 章 具有 Riesz 位势的 Cucker-Smale 模型

$$(t+1)\iint K(|x-y|)\rho(t,x)\rho(t,y)\mathrm{d}x\mathrm{d}y\bigg)$$

$$=-\iint\left|v-\frac{x}{t+1}\right|^2 f\mathrm{d}x\mathrm{d}v+$$

$$\iint[K(|x-y|)+|x-y|K'(|x-y|)]\rho(t,x)\rho(t,y)\mathrm{d}x\mathrm{d}y-$$

$$(t+1)\iiiint|v-w|^2\phi(|x-y|)f(t,x,v)f(t,y,w)\mathrm{d}x\mathrm{d}v\mathrm{d}y\mathrm{d}w \qquad(6.7)$$

和

$$\frac{\mathrm{d}}{\mathrm{d}t}\iint|x|^2 f(t,x,v)\mathrm{d}x\mathrm{d}v$$

$$=2\int_{t_0}^{t}\iint|v|^2 f(s,x,v)\mathrm{d}x\mathrm{d}v\mathrm{d}s-$$

$$\int_{t_0}^{t}\iint|x-y|K'(|x-y|)\rho(s,x)\rho(s,y)\mathrm{d}x\mathrm{d}y\mathrm{d}s-$$

$$\iint\Phi(|x-y|)\rho(t,x)\rho(t,y)\mathrm{d}x\mathrm{d}y+\iint\Phi(|x-y|)\rho(t_0,x)\rho(t_0,y)\mathrm{d}x\mathrm{d}y+$$

$$2\iint x\cdot v f(t_0,x,v)\mathrm{d}x\mathrm{d}v,\quad t>t_0\geqslant 0. \qquad(6.8)$$

证明 首先，根据式 (6.2) 和 Φ 的定义，得到

$$\frac{\mathrm{d}}{\mathrm{d}t}\iint\Phi(|x-y|)\rho(t,x)\rho(t,y)\mathrm{d}x\mathrm{d}y$$

$$=\iiiint(v-w)\cdot(x-y)\phi(|x-y|)f(t,x,v)f(t,y,w)\mathrm{d}x\mathrm{d}v\mathrm{d}y\mathrm{d}w$$

$$=2\iiiint x\cdot(v-w)\phi(|x-y|)f(t,x,v)f(t,y,w)\mathrm{d}x\mathrm{d}v\mathrm{d}y\mathrm{d}w$$

$$=-2\iint x\cdot L[f]f\mathrm{d}x\mathrm{d}v. \qquad(6.9)$$

然后，由式 (6.2)，有

$$\frac{\mathrm{d}}{\mathrm{d}t}\iint|x-(t+1)v|^2 f\mathrm{d}x\mathrm{d}v$$

$$=-2(t+1)\iint(x-(t+1)v)\cdot(L[f]-\nabla K*\rho)f\mathrm{d}x\mathrm{d}v$$

$$= -2(t+1)\iint x\cdot L[f]f\mathrm{d}x\mathrm{d}v +$$

$$(t+1)\iint |x-y|K'(|x-y|)\rho(t,x)\rho(t,y)\mathrm{d}x\mathrm{d}y -$$

$$(t+1)^2\iiiint |v-w|^2\phi(|x-y|)f(t,x,v)f(t,y,w)\mathrm{d}x\mathrm{d}v\mathrm{d}y\mathrm{d}w -$$

$$(t+1)^2\iiiint \frac{(v-w)\cdot(x-y)}{|x-y|}K'(|x-y|)f(t,x,v)f(t,y,w)\mathrm{d}x\mathrm{d}v\mathrm{d}y\mathrm{d}w.$$

因此，

$$\frac{\mathrm{d}}{\mathrm{d}t}\left(\frac{1}{t+1}\iint |x-(t+1)v|^2 f\mathrm{d}x\mathrm{d}v + (t+1)\iint K(|x-y|)\rho(t,x)\rho(t,y)\mathrm{d}x\mathrm{d}y\right)$$

$$= -\iint\left|v-\frac{x}{t+1}\right|^2 f\mathrm{d}x\mathrm{d}v - 2\iint x\cdot L[f]f\mathrm{d}x\mathrm{d}v -$$

$$(t+1)\iiiint |v-w|^2\phi(|x-y|)f(t,x,v)f(t,y,w)\mathrm{d}x\mathrm{d}v\mathrm{d}y\mathrm{d}w +$$

$$\iint [K(|x-y|) + |x-y|K'(|x-y|)]\rho(t,x)\rho(t,y)\mathrm{d}x\mathrm{d}y.$$

将上述等式与式 (6.9) 结合，可以得到式 (6.7).

由式 (6.2) 和式 (6.9) 可知

$$\frac{\mathrm{d}}{\mathrm{d}t}\left(2\iint x\cdot v f\mathrm{d}x\mathrm{d}v + \iint \Phi(|x-y|)\rho(t,x)\rho(t,y)\mathrm{d}x\mathrm{d}y\right)$$

$$= 2\iint |v|^2 f\mathrm{d}x\mathrm{d}v + 2\iint x\cdot(L[f]-\nabla K*\rho)f\mathrm{d}x\mathrm{d}v - 2\iint x\cdot L[f]f\mathrm{d}x\mathrm{d}v$$

$$= 2\iint |v|^2 f\mathrm{d}x\mathrm{d}v - \iint |x-y|K'(|x-y|)\rho(t,x)\rho(t,y)\mathrm{d}x\mathrm{d}y. \qquad (6.10)$$

因此，得到

$$\frac{\mathrm{d}^2}{\mathrm{d}t^2}\iint |x|^2 f(t,x,v)\mathrm{d}x\mathrm{d}v$$

$$= 2\frac{\mathrm{d}}{\mathrm{d}t}\iint x\cdot v f(t,x,v)\mathrm{d}x\mathrm{d}v$$

$$= 2\iint |v|^2 f\mathrm{d}x\mathrm{d}v - \iint |x-y|K'(|x-y|)\rho(t,x)\rho(t,y)\mathrm{d}x\mathrm{d}y -$$

$$\frac{\mathrm{d}}{\mathrm{d}t} \iint \Phi(|x-y|) \rho(t,x) \rho(t,y) \mathrm{d}x \mathrm{d}y.$$

然后，在 $[t_0, t]$ 上积分，就可证明式 (6.8). □

当 K 是经典的排斥性 Riesz 位势时，可以直接用式 (6.7) 来表示群集的不存在性. 以 $K(r) = r^\alpha$ 和 $\alpha \leqslant -1$ 为例，注意 $K(r) + rK'(r) \leqslant 0$. 然后通过式 (6.7)，就可以得到

$$\frac{\mathrm{d}}{\mathrm{d}t} \left(\iint \frac{|x-(t+1)v|^2}{t+1} f \mathrm{d}x \mathrm{d}v + (t+1) \iint K(|x-y|) \rho(t,x) \rho(t,y) \mathrm{d}x \mathrm{d}y - \iint \Phi(|x-y|) \rho(t,x) \rho(t,y) \mathrm{d}x \mathrm{d}y \right) \leqslant 0.$$

因此，根据式 (6.6) 中 Φ 的定义，有

$$(t+1) \iint |x-y|^\alpha \rho(t,x) \rho(t,y) \mathrm{d}x \mathrm{d}y$$
$$\leqslant C + \iint \Phi(|x-y|) \rho(t,x) \rho(t,y) \mathrm{d}x \mathrm{d}y$$
$$\leqslant C + \frac{1}{2} \iint |x-y|^2 \rho(t,x) \rho(t,y) \mathrm{d}x \mathrm{d}y.$$

将上述不等式与 Hölder 不等式结合，可以得到

$$(t+1)^{\frac{2}{2-\alpha}}$$
$$= (t+1)^{\frac{2}{2-\alpha}} \iint |x-y|^{\frac{-2\alpha}{2-\alpha}} |x-y|^{\frac{2\alpha}{2-\alpha}} \rho(t,x) \rho(t,y) \mathrm{d}x \mathrm{d}y$$
$$\leqslant \left(\iint |x-y|^2 \rho(t,x) \rho(t,y) \mathrm{d}x \mathrm{d}y \right)^{\frac{-\alpha}{2-\alpha}} \times$$
$$\left((t+1) \iint |x-y|^\alpha \rho(t,x) \rho(t,y) \mathrm{d}x \mathrm{d}y \right)^{\frac{2}{2-\alpha}}$$
$$\leqslant \left(\iint |x-y|^2 \rho(t,x) \rho(t,y) \mathrm{d}x \mathrm{d}y \right)^{\frac{-\alpha}{2-\alpha}} \times$$
$$\left(C + \frac{1}{2} \iint |x-y|^2 \rho(t,x) \rho(t,y) \mathrm{d}x \mathrm{d}y \right)^{\frac{2}{2-\alpha}}.$$

当 t 足够大时，

$$\iint |x-y|^2 \rho(t,x) \rho(t,y) \mathrm{d}x \mathrm{d}y \geqslant C t^{\frac{2}{2-\alpha}}.$$

因此, 该系统的解不存在群集行为.

6.4 非群集行为

对于更一般的 Riesz 位势和对数位势, 也可以使用式 (6.8) 来获得大时间行为.

定理 6.1 的证明　首先考虑排斥的情况: $\sigma = -1$. 根据假设 6.1 可得, 若 $\alpha_i < 0$, 则 $-rV_i'(r) \approx V_i(r)$; 若 $\alpha_m < 0$, 则 $-rK'(r) \approx K(r)$. 因此, 根据式 (6.8), 有

$$\frac{\mathrm{d}}{\mathrm{d}t} \iint |x|^2 f(t,x,v) \mathrm{d}x\mathrm{d}v + \iint \Phi(|x-y|)\rho(t,x)\rho(t,y) \mathrm{d}x\mathrm{d}y$$

$$\geqslant 2\int_0^t \iint |v|^2 f(s,x,v) \mathrm{d}x\mathrm{d}v\mathrm{d}s -$$

$$\int_0^t \iint |x-y| K'(|x-y|) \rho(s,x)\rho(s,y) \mathrm{d}x\mathrm{d}y\mathrm{d}s - C$$

$$\geqslant C \int_0^t \mathcal{E}(s) \mathrm{d}s - C.$$

然后, 由 Φ 的定义和 $\mathcal{E}(t)$ 的递减, 得到

$$\frac{\mathrm{d}}{\mathrm{d}t} \iint |x|^2 f(t,x,v) \mathrm{d}x\mathrm{d}v + \iint |x|^2 f(t,x,v) \mathrm{d}x\mathrm{d}v \geqslant Ct\mathcal{E}(t) - C,$$

这就有

$$\iint |x|^2 f(t,x,v) \mathrm{d}x\mathrm{d}v$$
$$\geqslant C(t-1)\mathcal{E}(t) - C$$
$$\geqslant Ct \iint |x-y|^{\alpha_i} \rho(t,x)\rho(t,y) \mathrm{d}x\mathrm{d}y - C, \quad 1 \leqslant i \leqslant m. \tag{6.11}$$

将式 (6.11) 和 Hölder 不等式结合, 可以得到

$$t^{\frac{2}{2-\alpha_i}}$$
$$= t^{\frac{2}{2-\alpha_i}} \iint |x-y|^{\frac{2\alpha_i}{2-\alpha_i}} |x-y|^{\frac{-2\alpha_i}{2-\alpha_i}} \rho(t,x)\rho(t,y) \mathrm{d}x\mathrm{d}y$$
$$\leqslant \left(\iint |x-y|^2 \rho(t,x)\rho(t,y) \mathrm{d}x\mathrm{d}y \right)^{\frac{-\alpha_i}{2-\alpha_i}} \times$$

$$\left(t\iint |x-y|^{\alpha_i}\rho(t,x)\rho(t,y)\mathrm{d}x\mathrm{d}y\right)^{\frac{2}{2-\alpha_i}}$$
$$\leqslant C\left(\int |x|^2\rho(t,x)\mathrm{d}x+1\right).$$

这将得到所需的估计值.

对于吸引的情况, 存在一个依赖于函数 K 的正常数 C_K, 使得
$$-rK'(r)\leqslant C_K K(r).$$

那么由式 (6.8) 可知
$$\frac{\mathrm{d}}{\mathrm{d}t}\iint |x|^2 f(t,x,v)\mathrm{d}x\mathrm{d}v$$
$$\leqslant 2\int_{t_0}^{t}\iint |v|^2 f(s,x,v)\mathrm{d}x\mathrm{d}v\mathrm{d}s +$$
$$C_K\int_{t_0}^{t}\iint K(|x-y|)\rho(s,x)\rho(s,y)\mathrm{d}x\mathrm{d}y\mathrm{d}s -$$
$$\iint \Phi(|x-y|)\rho(t,x)\rho(t,y)\mathrm{d}x\mathrm{d}y + \iint \Phi(|x-y|)\rho(t_0,x)\rho(t_0,y)\mathrm{d}x\mathrm{d}y +$$
$$2\iint x\cdot v f(t_0,x,v)\mathrm{d}x\mathrm{d}v, \quad t>t_0\geqslant 0.$$

由于 $\mathcal{E}(t)$ 递减, 故存在一个常数 $\mathcal{E}(\infty)$ 使得
$$\iint |v|^2 f(t,x,v)\mathrm{d}x\mathrm{d}v + \iint K(|x-y|)\rho(t,x)\rho(t,y)\mathrm{d}x\mathrm{d}y \longrightarrow \mathcal{E}(\infty).$$

若 $\iint |v|^2 f(t,x,v)\mathrm{d}x\mathrm{d}v \to 0$, 由上面的收敛可以得到 $\mathcal{E}(\infty)\leqslant 0$ 和
$$2\iint |v|^2 f(t,x,v)\mathrm{d}x\mathrm{d}v\mathrm{d}s + C_K\iint K(|x-y|)\rho(t,x)\rho(t,y)\mathrm{d}x\mathrm{d}y \longrightarrow C_K\mathcal{E}(\infty).$$

现在证明 $\mathcal{E}(\infty)=0$. 若不成立, 则由上面的收敛, 可以确定一个足够大的 t_0, 使得
$$2\iint |v|^2 f(t,x,v)\mathrm{d}x\mathrm{d}v\mathrm{d}s + C_K\iint K(|x-y|)\rho(t,x)\rho(t,y)\mathrm{d}x\mathrm{d}y$$
$$\leqslant \frac{C_K}{2}\mathcal{E}(\infty).$$

然后由上述不等式和式 (6.12)，得到

$$\frac{\mathrm{d}}{\mathrm{d}t}\iint |x|^2 f(t,x,v)\mathrm{d}x\mathrm{d}v$$
$$\leqslant \frac{C_K}{2}\mathcal{E}(\infty)(t-t_0) + \iint \Phi(|x-y|)\rho(t_0,x)\rho(t_0,y)\mathrm{d}x\mathrm{d}y +$$
$$2\iint x\cdot v f(t_0,x,v)\mathrm{d}x\mathrm{d}v. \tag{6.12}$$

易知式 (6.12) 右边的第二项和第三项可以由一个依赖于 t_0 的常数控制. 因此, 由式 (6.12) 可得, 当 t 足够大时, 可以得到 $\iint |x|^2 f(t,x,v)\mathrm{d}x\mathrm{d}v < 0$, 这是不可能的. 因此, $\mathcal{E}(\infty) = 0$, 故

$$\iint |x-y|^{\alpha_i}\rho(t,x)\rho(t,y)\mathrm{d}x\mathrm{d}y \to 0.$$

因此, 由 Hölder 不等式, 可以得到

$$\iint |x-y|^2 \rho(t,x)\rho(t,y)\mathrm{d}x\mathrm{d}y \to \infty.$$

无论是 $\iint |v|^2 f(t,x,v)\mathrm{d}x\mathrm{d}v \nrightarrow 0$, 还是 $\iint |x-y|^2 \rho(t,x)\rho(t,y)\mathrm{d}x\mathrm{d}y \to \infty$, 都证明了群集的不存在性. 当 $\alpha_m = 0$ 时, 有 $-rV'_m(r) \approx 1$. 因此, 经过少许修改, 上述计算可以重复进行. □

第 7 章

具有幂律势的Cucker-Smale模型

上章研究了具有 Riesz 位势的 C-S 模型的大时间行为. 该位势是奇异的, 因此系统的解最终不会出现好的群体行为. 本章将研究一类光滑的吸引力, 即具有幂律势的 C-S 模型的大时间行为. 7.1 节介绍主要结果. 7.2 节致力于估计一个合适的 Lyapunov 泛函. 7.3 节利用微观能量给出了空间直径的一个估计. 7.4 节对所有幂律势建立弱一致. 对于高次幂律势, 7.5 节证明了强一致性, 并得到了它的收敛速率.

7.1 主要结果

当 C-S 模型耦合吸引势时, 解可能达到一致行为, 这种一致行为强于群集行为. 最近, 在文献 [19] 中, Shu R. 和 Tadmor E. 考虑了约束二次势的 Euler 对齐模型, 本质上是 $K(r) = r^2$ 的模型 (6.3). 根据一个结合能量和纵向动量的关键 Lyapunov 泛函, 证明了如果通信权值在无穷远处衰减得足够慢, 任何经典解都能以指数速率达成一致. 然后用类似的 Lyapunov 泛函成功地处理了文献 [20] 中具有矩阵通信的 Cucker-Smale 型系统, 其中成对势可以覆盖一些低次幂律函数. 通过很好的修改和简化, 文献 [21] 将一致性推广到任何低次幂律势, 并获得了一些多项式速率.

然而, 对于具有高次幂律势的模型 (6.3) 和模型 (6.2), 这种 Lyapunov 泛函失效. 一个主要原因是纵向动量不能被能量控制. 本章使用一个新要素, 用人工势能来表示由于速度对齐力引起的速度相互作用, 构造另一个 Lyapunov 泛函和几个不等式. 然后, 建立具有任何规则的幂律势模型 (6.2) 的大时间行为. 一方面, 对于低次幂律势, 收敛速率的估计得到了很大的改进. 更重要的是, 该方法可以处理高次幂律势甚至多个幂律势. 具体地说, K 的假设如下:

假设 7.1 令 $K = \sum_{i=1}^{m} V_i$, $m \geq 1$, 其中 $V_i \in C^2(\mathbb{R}^+)$ 满足

$$V_i(0) = 0, \quad V_i'(r) \approx r^{\alpha_i - 1}, \quad 0 < \alpha_1 < \alpha_2 < \cdots < \alpha_m.$$

则一致行为的结果可归纳为以下定理:

定理 7.1 令 K 满足假设 7.1. 假设

$$0 < \phi \in C_b^1(\mathbb{R}^+), \quad \phi' \leq 0, \quad \phi(0) = 1, \tag{7.1}$$

且

$$\phi'(r) \geq -\frac{C\phi(r)}{(1+r)^{\max\{1-\alpha_m/2, 0\}}}, \tag{7.2}$$

其中 C 为一个正常数. 若 $\int_0^\infty \phi(r)\mathrm{d}r = \infty$, 则对任何的非负初值 $f_0 \in C_c^1(\mathbb{R}^6) \cap \mathcal{P}(\mathbb{R}^6)$, 模型 (6.2) 存在一个唯一的全局经典解 f, 使其达到一致, 并且有

$$\iiiint \left(\sum_{i=1}^m |x-y|^{\alpha_i} + |x-y|^2 + |v-w|^2 \right) f(t,x,v)f(t,y,w)\mathrm{d}x\mathrm{d}v\mathrm{d}y\mathrm{d}w$$

$$\leq \begin{cases} C\exp\{-Ct\}, & \alpha_1 \in [1, 2]; \\ C(1+t)^{-\frac{2}{\alpha_1-2}}, & \alpha_1 \in (2, 4); \\ C\left[\int_C^{C(t+1)} \phi(s)\mathrm{d}s\right]^{-\frac{2}{\alpha_1-2}}, & \alpha_1 \geq 4. \end{cases} \tag{7.3}$$

此外,

$$\sup_{(x,v),(y,w)\in\mathrm{supp}f(t)} \left(|x-y|^2 + |v-w|^2\right)$$

$$\leq \begin{cases} C\exp\{-Ct\}, & \alpha_1 \in [1, 2]; \\ C(1+t)^{-\frac{4-\alpha_1}{\alpha_1-2}}, & \alpha_1 \in (2, 4). \end{cases} \tag{7.4}$$

附注 7.1 (i) 对 K 的二阶导数没有限制. 特别地, K 不需要是凸的.

(ii) 所有经典的重尾通信权值都满足 ϕ 的这些假设. 当对初值进行更多的限制时, 甚至允许 $\phi \in L^1(\mathbb{R}^+)$.

(iii) 在 d 维情况下, $d \geq 1$, 定理 7.1 也成立.

附注 7.2 定理 7.1 中的一致行为适用于离散模型 (6.1) 和流体模型 (6.3).

7.2 构造 Lyapunov 泛函

本节考虑具有吸引幂律势的模型 (6.2). 首先, 可以很容易地得到如下经典解的局部存在性和唯一性.

引理 7.1 设非负初值 $f_0 \in C_c^1(\mathbb{R}^6)$, 并且令 $K(x)$ 满足假设 7.1. 假设 $\phi \in C_b^1(\mathbb{R}^+)$ 满足 $0 \leqslant \phi \leqslant 1$. 然后, 在某个时间区间 $[0, T_0)$ 内, 模型 (6.2) 存在唯一经典解 $f \in C^1([0, T_0) \times \mathbb{R}^6)$. 如果选择 T_0 为最大值, 那么速度在 $[0, T_0)$ 内就有一个一致的上界:

$$R_v(t) := \sup\{|v| : (x, v) \in \mathrm{supp} f(t)\} \leqslant C, \quad t \in [0, T_0), \tag{7.5}$$

则解是全局的: $T_0 = \infty$.

然后, 定义如下的 Lyapunov 泛函:

$$\mathcal{L}(t) := \mathcal{E}(t) + \epsilon \left(2 \iint x \cdot v f \mathrm{d}x \mathrm{d}v + \iint \Phi(|x-y|) \rho(t,x) \rho(t,y) \mathrm{d}x \mathrm{d}y \right),$$

其中的 $\epsilon \leqslant 1/4$ 是一个待定的正常数. 当 $\alpha_m > 2$ 时,

$$\iint \Phi(|x-y|) \rho(t,x) \rho(t,y) \mathrm{d}x \mathrm{d}y$$

是不可或缺的. 同时, 对于 $K(r) = r^\alpha, \alpha \in [1, 2)$ 的情况, 这样的 Lyapunov 泛函能够极大地简化计算, 并改进对收敛速度的估计.

通过基本的计算, 可以得到

引理 7.2 设 f 为模型 (6.2) 的一个经典解, 其中初值 f_0 满足假设 6.2. 令 ϕ 满足条件 (7.1), 则

$$\frac{\mathrm{d}\mathcal{L}}{\mathrm{d}t} \leqslant -2[\phi(D(t)) - \epsilon]\mathcal{E}_k(t) - \epsilon \iint |x-y| K'(|x-y|) \rho(t,x) \rho(t,y) \mathrm{d}x \mathrm{d}y.$$

如果已经证明了 $\mathcal{L}(t) \to 0$, 可以用下面的引理来表示一致性, 其中

$$\iint \Phi(|x-y|) \rho(t,x) \rho(t,y) \mathrm{d}x \mathrm{d}y$$

在抵消 $\iint x \cdot v f \mathrm{d}x \mathrm{d}v$ 的过程中起着关键作用.

引理 7.3 设 f 为模型 (6.2) 的一个经典解, 其中初值 f_0 满足假设 6.2. 令 ϕ 满足条件 (7.1), 则

$$\mathcal{L}(t) \geqslant \frac{1}{2}\mathcal{E}(t) + \epsilon\left[\phi(D(t)) - 2\epsilon\right] \iint |x|^2 f(t,x,v) \mathrm{d}x \mathrm{d}v.$$

证明 一方面，由 $\Phi, D(t)$ 的定义和 ϕ 的递减性，可以得到

$$\epsilon\iint \Phi(|x-y|)\rho(t,x)\rho(t,y)\mathrm{d}x\mathrm{d}y$$
$$\geqslant \frac{\epsilon}{2}\iint \phi(|x-y|)|x-y|^2\rho(t,x)\rho(t,y)\mathrm{d}x\mathrm{d}y$$
$$\geqslant \frac{\epsilon}{2}\phi(D(t))\iint |x-y|^2\rho(t,x)\rho(t,y)\mathrm{d}x\mathrm{d}y$$
$$= \epsilon\phi(D(t))\iint |x|^2 f(t,x,v)\mathrm{d}x\mathrm{d}v, \tag{7.6}$$

其中的最后一个等号来源于式 (6.4). 另外, 根据 Young 不等式, 可以得到

$$2\epsilon\left|\iint x\cdot v f \mathrm{d}x\mathrm{d}v\right|$$
$$\leqslant 2\epsilon^2\iint |x|^2 f(t,x,v)\mathrm{d}x\mathrm{d}v + \frac{1}{2}\iint |v|^2 f(t,x,v)\mathrm{d}x\mathrm{d}v$$
$$= 2\epsilon^2\iint |x|^2 f(t,x,v)\mathrm{d}x\mathrm{d}v + \frac{1}{2}\mathcal{E}_k(t). \tag{7.7}$$

然后联立式 (7.6) 和式 (7.7), 可以得到

$$\epsilon\left(2\iint x\cdot v f \mathrm{d}x\mathrm{d}v + \iint \Phi(|x-y|)\rho(t,x)\rho(t,y)\mathrm{d}x\mathrm{d}y\right)$$
$$\geqslant \epsilon\left(\phi(D(t))-2\epsilon\right)\iint |x|^2 f(t,x,v)\mathrm{d}x\mathrm{d}v - \frac{1}{2}\mathcal{E}_k(t). \tag{7.8}$$

最后, 根据 $\mathcal{L}(t)$ 的定义, 易得期望的估计. □

基于引理 7.2 和假设 7.1, 如果能证明 $D(t)$ 在 $[0,\infty)$ 上有界, 就能证明其一致性.

引理 7.4 令 K 满足假设 7.1. 令 ϕ 满足条件 (7.1). 设 f 为模型 (6.2) 的一个经典解, 其中 f_0 满足假设 6.2. 如果 $D(t)$ 局部有界, 则存在一个仅依赖于 α_1 和 $\mathcal{E}(0)$ 的一个正常数 c_0, 使得对 $\forall t\in[0,t_0)$, 有

$$\frac{\mathrm{d}}{\mathrm{d}t}\mathcal{L}(t) \leqslant -c_0\epsilon\mathcal{L}(t)^{\frac{\alpha_1}{2}}, \quad \alpha_1 > 2$$

和

$$\frac{\mathrm{d}}{\mathrm{d}t}\mathcal{L}(t) \leqslant -\frac{c_0\epsilon}{1+D(t)^{2-\alpha_1}\epsilon}\mathcal{L}(t), \quad \alpha_1\in(0,2],$$

其中 $\epsilon \leqslant \frac{1}{4}\phi\left(\sup_{t\in[0,t_0]} D(t)\right)$.

证明 因为 $rV_i'(r) \approx V_i(r)$,所以 $rK'(r) \geqslant CK(r)$. 由引理 7.2,可以得到

$$\frac{\mathrm{d}\mathcal{L}}{\mathrm{d}t} \leqslant -2[\phi(D(t))-\epsilon]\mathcal{E}_k(t) - C\epsilon\mathcal{E}_p(t).$$

因此,对 $\forall t_0 > 0$,存在一个正常数 c_1 使得

$$\frac{\mathrm{d}\mathcal{L}}{\mathrm{d}t} \leqslant -c_1\epsilon\mathcal{E}(t), \quad t \in [0,t_0). \tag{7.9}$$

现在,只需证对 $\forall t \in [0,t_0)$,有

$$\mathcal{L}(t) \leqslant \begin{cases} c_2(1+D(t)^{2-\alpha_1}\epsilon)\mathcal{E}(t), & \alpha_1 \in (0,2]; \\ c_2\mathcal{E}^{\frac{2}{\alpha_1}}(t), & \alpha_1 \in (2,\infty), \end{cases} \tag{7.10}$$

其中 $c_2 > 0$ 依赖于 $\mathcal{E}(0)$. 由 Φ 和 $0 \leqslant \phi \leqslant 1$ 的定义,有

$$\epsilon\iint \Phi(|x-y|)\rho(t,x)\rho(t,y)\mathrm{d}x\mathrm{d}y \leqslant \frac{\epsilon}{2}\iint |x-y|^2\rho(t,x)\rho(t,y)\mathrm{d}x\mathrm{d}y.$$

根据上述不等式和 Young 不等式,有

$$\mathcal{L}(t) \leqslant \mathcal{E}(t) + 2\epsilon\iint x\cdot vf\mathrm{d}x\mathrm{d}v + \frac{\epsilon}{2}\iint |x-y|^2\rho(t,x)\rho(t,y)\mathrm{d}x\mathrm{d}y$$

$$\leqslant (1+\epsilon)\mathcal{E}_k(t) + \mathcal{E}_p(t) + \epsilon\iint |x-y|^2\rho(t,x)\rho(t,y)\mathrm{d}x\mathrm{d}y$$

$$\leqslant \frac{5}{4}\mathcal{E}(t) + \epsilon\iint |x-y|^2\rho(t,x)\rho(t,y)\mathrm{d}x\mathrm{d}y. \tag{7.11}$$

当 $0 < \alpha_1 \leqslant 2$ 时,由式 (7.11) 和 $D(t)$ 的定义可知

$$\mathcal{L}(t) \leqslant \frac{5}{4}\mathcal{E}(t) + \epsilon D(t)^{2-\alpha_1}\iint |x-y|^{\alpha_1}\rho(t,x)\rho(t,y)\mathrm{d}x\mathrm{d}y$$

$$\leqslant C(1+D(t)^{2-\alpha_1}\epsilon)\mathcal{E}(t). \tag{7.12}$$

当 $\alpha_1 > 2$ 时,由 Hölder 不等式,有

$$\iint |x-y|^2\rho(t,x)\rho(t,y)\mathrm{d}x\mathrm{d}y \leqslant \left(\iint |x-y|^{\alpha_1}\rho(t,x)\rho(t,y)\mathrm{d}x\mathrm{d}y\right)^{\frac{2}{\alpha_1}}$$

$$\leqslant C\mathcal{E}_p(t)^{\frac{2}{\alpha_1}}.$$

将上述不等式与式 (7.11) 联立，有

$$\mathcal{L}(t) \leqslant \frac{5}{4}\mathcal{E}_k(t) + \mathcal{E}_p(t) + C\epsilon\mathcal{E}_p(t)^{\frac{2}{\alpha_1}}$$

$$\leqslant c_2\mathcal{E}^{\frac{2}{\alpha_1}}(t). \tag{7.13}$$

将式 (7.12) 和式 (7.13) 联立，可以得到式 (7.10). □

根据引理 7.4 和引理 7.3，易得

命题 7.1 令 K 满足假设 7.1, ϕ 满足条件 (7.1). 设 f 为模型 (6.2) 的一个局部经典解，其中初值 f_0 满足假设 6.2. 如果 $D(t)$ 在 $[0,\infty)$ 上一致有界，则 f 达到一致且

$$\mathcal{E}(t) + \iint |x|^2 f(t,x,v) \mathrm{d}x\mathrm{d}v \leqslant \begin{cases} C\exp\{-Ct\}, & \alpha_1 \in (0,2]; \\ C(1+t)^{-\frac{2}{\alpha_1-2}}, & \alpha_1 \in (2,\infty), \end{cases}$$

其中正常数 C 依赖于初值.

7.3 微观能量和空间直径

由于 f 是在 $[0,T_0)$ 上的经典解，因此特征流在 $[0,T_0) \times [0,T_0) \times \mathbb{R}^6$ 上的定义为

$$\begin{cases} \dot{X}(s,t,x,v) = V(s,t,x,v), \\ \dot{V}(s,t,x,v) = (L[f] - \nabla K * \rho)(s, X(s,t,x,v), V(s,t,x,v)), \\ X(t,t,x,v) = x, \ V(t,t,x,v) = v. \end{cases} \tag{7.14}$$

为了估计 $D(t)$，下面定义模型 (6.2) 的微观能量.

定义 7.1 设 f 为模型 (6.2) 的一个经典解. 微观能量的定义为

$$\mathcal{E}_{\mathrm{micro}}(t,x,v) := \frac{1}{2}|V(t,0,x,v)|^2 + K * \rho(t, X(t,0,x,v)), \quad (x,v) \in \mathrm{supp} f_0.$$

为简便起见，记

$$\mathcal{E}_{\mathrm{micro}}(t) := \sup_{(x,v) \in \mathrm{supp} f_0} \mathcal{E}_{\mathrm{micro}}(t,x,v).$$

首先，空间直径由微观能量控制.

引理 7.5　令 K 满足假设 7.1. 设 f 为模型 (6.2) 的一个经典解，其中 f_0 满足假设 6.2. 则
$$D(t) \leqslant C\mathcal{E}_{\mathrm{micro}}(t)^{\frac{1}{\alpha_i}}, \quad 1 \leqslant i \leqslant m.$$

证明　根据条件 (7.1)，有
$$\begin{aligned}
&|X(t,0,x,v) - X(t,0,y,w)|^{\alpha_i} \\
&= \int |X(t,0,x,v) - X(t,0,y,w)|^{\alpha_i} \rho(t,z) \mathrm{d}z \\
&\leqslant \max\{2^{\alpha_i-1}, 1\} \int |X(t,0,x,v) - z|^{\alpha_i} \rho(t,z) \mathrm{d}z + \\
&\quad \max\{2^{\alpha_i-1}, 1\} \int |X(t,0,y,w) - z|^{\alpha_i} \rho(t,z) \mathrm{d}z \\
&\leqslant C\mathcal{E}_{\mathrm{micro}}(t), \quad (x,v), (y,w) \in \mathrm{supp} f_0.
\end{aligned}$$

由上述估计与 $D(t)$ 的定义，可得所需估计.　□

然后通过计算微观能量，我们可以得出空间直径的估计值.

引理 7.6　令 K 满足假设 7.1, $\alpha_1 \geqslant 1$. 假设 $\phi \in C_b^1(\mathbb{R}^+)$ 满足 $0 \leqslant \phi \leqslant 1$. 设 f 为模型 (6.2) 的一个经典解，其中初值 f_0 满足假设 6.2，则存在一个仅依赖于 K_1, K_2, α 和 $\mathrm{supp} f_0$ 的正常数 C_0 使得
$$D(t) \leqslant C_0 \left(1 + \int_0^t \mathcal{E}_k(s)^{\frac{1}{2}} \mathrm{d}s\right).$$

证明　下面证明存在一个仅依赖于 α, k_1, k_2 和 $\mathrm{supp} f_0$ 的正常数 C，使得
$$\mathcal{E}_{\mathrm{micro}}(t) \leqslant C \left(1 + \int_0^t \mathcal{E}_k(s)^{\frac{1}{2}} \mathrm{d}s\right)^{\alpha_m}. \tag{7.15}$$

然后，根据上述不等式和引理 7.5，得到了所需的估计.

为了简便起见，记 $(X, V) := (X(t,0,x,v), V(t,0,x,v))$. 由式 (7.14) 可得
$$\begin{aligned}
&\frac{\mathrm{d}}{\mathrm{d}t}\left(\frac{1}{2}|V|^2 + K * \rho(t,X)\right) \\
&= V \cdot (L[f] - (\nabla K * \rho))(t, X, V) + \\
&\quad \iint K'(|X-y|) \frac{(X-y) \cdot (V-w)}{|X-y|} f(t,y,w) \mathrm{d}y \mathrm{d}w
\end{aligned}$$

$$= -\iint V \cdot (V-w)\phi(|X-y|)f(t,y,w)\mathrm{d}y\mathrm{d}w -$$
$$\iint K'(|X-y|)\frac{X-y}{|X-y|} \cdot w f(t,y,w)\mathrm{d}y\mathrm{d}w$$
$$\leqslant -\frac{|V|^2}{2}\int \phi(|X-y|)\rho(t,y)\mathrm{d}y + \frac{1}{2}\iint |w|^2 f(t,y,w)\mathrm{d}y\mathrm{d}w +$$
$$C\iint \left(\sum_{i=1}^{m}|X-y|^{\alpha_i-1}\right)|w|f(t,y,w)\mathrm{d}y\mathrm{d}w. \tag{7.16}$$

由 Hölder 不等式和引理 7.5，可以得到

$$\iint |X-y|^{\alpha_i-1}|w|f(t,y,w)\mathrm{d}y\mathrm{d}w$$
$$\leqslant D(t)^{\alpha_i-1}\iint |w|f(t,y,w)\mathrm{d}y\mathrm{d}w$$
$$\leqslant C\mathcal{E}_{\mathrm{micro}}(t)^{\frac{\alpha_i-1}{\alpha_i}}\left(\iint |w|^2 f(t,y,w)\mathrm{d}y\mathrm{d}w\right)^{\frac{1}{2}}.$$

将上述不等式和式 (7.16) 结合，由 $\mathcal{E}_k(t)$ 的有界性可知

$$\frac{\mathrm{d}}{\mathrm{d}t}\mathcal{E}_{\mathrm{micro}}(t,x,v) \leqslant \frac{1}{2}\mathcal{E}_k(t) + C\sum_{i=1}^{m}\mathcal{E}_{\mathrm{micro}}(t)^{\frac{\alpha_i-1}{\alpha_i}}\mathcal{E}_k(t)^{\frac{1}{2}}$$
$$\leqslant C(1+\mathcal{E}_{\mathrm{micro}}(t))^{\frac{\alpha_m-1}{\alpha_m}}\mathcal{E}_k(t)^{\frac{1}{2}}.$$

这就有

$$\frac{\mathrm{d}}{\mathrm{d}t}\mathcal{E}_{\mathrm{micro}}(t) \leqslant C(1+\mathcal{E}_{\mathrm{micro}}(t))^{\frac{\alpha_m-1}{\alpha_m}}\mathcal{E}_k(t)^{\frac{1}{2}}.$$

因此，得到了式 (7.15). □

附注 7.3 当进一步要求 $V_i''(r)$ 的某些条件时，可以得到 $D(t)$ 的更好估计. 具体的内容请参考文献 [19,20] 和文献 [21] 中的定理 3.4.

通过本节所建立的微观能量估计，不仅可以得到 $D(t)$ 的估计，还可以得到速度支柱的估计. 然后利用延拓准则 (7.5)，可以建立经典解的全局存在性和唯一性.

附注 7.4 设 f 是引理 7.1 的一个局部经典解，则它是全局的.

7.4 弱一致性

为了证明当 $\alpha_1 \in [1,\infty)$ 时的一致性，一个修正的 Lyapunov 泛函定义如下：

$$\mathcal{L}_1(t) := \mathcal{E}(t) + \epsilon(t)\left(2\iint x\cdot vf\mathrm{d}x\mathrm{d}v + \iint \Phi(|x-y|)\rho(t,x)\rho(t,y)\mathrm{d}x\mathrm{d}y\right),$$

其中 $\epsilon(t) = \dfrac{\varepsilon}{4}\phi\left(\tilde{D}(t)\right)$. 正常数 $\varepsilon \leqslant 1$ 是待定的，并且

$$\tilde{D}(t) := C_0\left(1 + \int_0^t \mathcal{E}_k(s)^{\frac{1}{2}}\mathrm{d}s\right) \geqslant D(t), \tag{7.17}$$

其中 C_0 是引理 7.6 中所述的常数.

通过对 $\mathcal{L}_1(t)$ 的详细分析，对 $\forall \alpha_1 \in [1,4)$，已证明 $\tilde{D}(t)$ 和 $D(t)$ 的有界性. 此时，模型 (6.2) 达到了一致性. 当 $\alpha_1 \geqslant 4$ 时，$\mathcal{L}_1(t)$ 也收敛于 0，但 $D(t)$ 可能是无界的. 在证明定理 7.1 的一致性之前，需要如下引理.

引理 7.7 令 $\phi \in C(\mathbb{R}^+)$ 是一个正的递减函数，使得 $\int \phi(r)\mathrm{d}r = \infty$，则

$$\int_1^\infty \min\left\{\phi(r), \frac{1}{r}\right\}\mathrm{d}r = \infty.$$

证明 若存在足够大的 $r_0 > 0$，对 $\forall r \geqslant r_0$，使得 $\phi(r) \leqslant r^{-1}$ 或 $\phi(r) \geqslant r^{-1}$，那么结论得证. 否则，存在一个严格递增的序列 $\{r_n\}_{n=1}^\infty$，使得它收敛到无穷大，其中 $r_1 \geqslant 1$ 且对所有 n，有 $\phi(r_n) = r_n^{-1}$. 由 ϕ 的递减性，知道

$$\min\left\{\phi(r), \frac{1}{r}\right\} \geqslant \frac{1}{r_{n+1}}, \quad r \in [r_n, r_{n+1}].$$

则

$$\int_{r_1}^\infty \min\left\{\phi(r), \frac{1}{r}\right\}\mathrm{d}r = \sum_{n=1}^\infty \int_{r_n}^{r_{n+1}} \min\left\{\phi(r), \frac{1}{r}\right\}\mathrm{d}r$$

$$\geqslant \sum_{n=1}^\infty \int_{r_n}^{r_{n+1}} \frac{1}{r_{n+1}}\mathrm{d}r = \sum_{n=1}^\infty \frac{r_{n+1} - r_n}{r_{n+1}}.$$

现在，只需要证明

$$\sum_{n=1}^\infty \frac{r_{n+1} - r_n}{r_{n+1}} = \infty. \tag{7.18}$$

令 $r_n = (1-a_n)r_{n+1}$. 则 $a_n \in (0,1)$ 且 $r_{n+1} = r_1 \prod_{k=1}^{n}(1-a_k)^{-1}$. 因此, 由 $\log(1+r) \leqslant r$ 可知

$$\log \frac{r_{n+1}}{r_1} = \sum_{k=1}^{n} \log(1-a_k)^{-1} \leqslant \sum_{k=1}^{n} \frac{a_k}{1-a_k}. \tag{7.19}$$

若

$$\sum_{n=1}^{\infty} \frac{r_{n+1}-r_n}{r_{n+1}} = \sum_{n=1}^{\infty} a_n < \infty,$$

则 $a_n \to 0$, 并且

$$\sum_{k=1}^{\infty} \frac{a_k}{1-a_k} < \infty.$$

将上述不等式与式 (7.19) 结合, 得到 r_n 有上界. 这与 $r_n \to \infty$ 矛盾. 因此式 (7.18) 成立. □

式 (7.3) 的证明

第一步 $\mathcal{L}_1'(t)$ 的估计. 由引理 7.2 和 ϕ 的递减性, 得到

$$\frac{\mathrm{d}}{\mathrm{d}t}\mathcal{L}_1(t)$$

$$\leqslant -2\left[\phi(D(t)) - \frac{\varepsilon}{4}\phi\left(\tilde{D}(t)\right)\right]\mathcal{E}_k(t) - C_1\varepsilon\phi\left(\tilde{D}(t)\right)\mathcal{E}_p(t) +$$

$$\frac{\varepsilon}{4}\phi'\left(\tilde{D}(t)\right)\tilde{D}'(t)\left(2\iint x\cdot vf\mathrm{d}x\mathrm{d}v + \iint \Phi(|x-y|)\rho(t,x)\rho(t,y)\mathrm{d}x\mathrm{d}y\right)$$

$$\leqslant -2\left[\phi(\tilde{D}(t)) - \frac{\varepsilon}{4}\phi\left(\tilde{D}(t)\right)\right]\mathcal{E}_k(t) - C_1\varepsilon\phi\left(\tilde{D}(t)\right)\mathcal{E}_p(t) +$$

$$\frac{\varepsilon}{2}\phi'\left(\tilde{D}(t)\right)\tilde{D}'(t)\iint x\cdot vf\mathrm{d}x\mathrm{d}v. \tag{7.20}$$

由 Cauchy-Schwarz 不等式和式 (7.17) 可知

$$\frac{\varepsilon}{2}\phi'\left(\tilde{D}(t)\right)\tilde{D}'(t)\iint x\cdot vf\mathrm{d}x\mathrm{d}v$$

$$= \frac{\varepsilon}{4}\phi'\left(\tilde{D}(t)\right)\tilde{D}'(t)\iiiint (x-y)\cdot(v-w)f(t,x,v)f(t,y,w)\mathrm{d}x\mathrm{d}v\mathrm{d}y\mathrm{d}w$$

$$\leqslant -\frac{C_0}{4}\varepsilon\phi'\left(\tilde{D}(t)\right)\mathcal{E}_k(t)^{\frac{1}{2}}\left(\iint |x-y|^2\rho(t,x)\rho(t,y)\mathrm{d}x\mathrm{d}y\right)^{\frac{1}{2}} \times$$

$$\left(\iiiint |v-w|^2 f(t,x,v)f(t,y,w)\mathrm{d}x\mathrm{d}v\mathrm{d}y\mathrm{d}w\right)^{\frac{1}{2}}$$
$$= -\frac{\sqrt{2}C_0}{4}\varepsilon\phi'\left(\tilde{D}(t)\right)\mathcal{E}_k(t)\left(\iint |x-y|^2\rho(t,x)\rho(t,y)\mathrm{d}x\mathrm{d}y\right)^{\frac{1}{2}}. \tag{7.21}$$

对于 $\alpha_m > 2$ 的情况，由条件 (7.2) 和 Hölder 不等式，得到

$$\frac{\varepsilon}{2}\phi'\left(\tilde{D}(t)\right)\tilde{D}'(t)\iint x\cdot vf\mathrm{d}x\mathrm{d}v$$
$$\leqslant -\frac{\sqrt{2}C_0}{4}\varepsilon\phi'\left(\tilde{D}(t)\right)\mathcal{E}_k(t)\left(\iint |x-y|^{\alpha_m}\rho(t,x)\rho(t,y)\mathrm{d}x\mathrm{d}y\right)^{\frac{1}{\alpha_m}}$$
$$\leqslant C\varepsilon\phi\left(\tilde{D}(t)\right)\mathcal{E}_k(t)\mathcal{E}_p(t)^{\frac{1}{\alpha_m}}$$
$$\leqslant \frac{C_1\varepsilon}{2}\phi\left(\tilde{D}(t)\right)\mathcal{E}_p(t) + C\mathcal{E}(0)^{\frac{1}{\alpha_m-1}}\varepsilon\phi\left(\tilde{D}(t)\right)\mathcal{E}_k(t), \tag{7.22}$$

其中的最后一个不等式由 Young 不等式和 $\mathcal{E}_k(t)$ 的有界性得到. 对于 $\alpha_m \in [1,2]$ 的情况，可以使用式 (7.21)、式 (7.17) 和条件 (7.2) 来得到

$$\frac{\varepsilon}{2}\phi'\left(\tilde{D}(t)\right)\tilde{D}'(t)\iint x\cdot vf\mathrm{d}x\mathrm{d}v$$
$$\leqslant -\frac{\sqrt{2}C_0}{4}\varepsilon\phi'\left(\tilde{D}(t)\right)\tilde{D}(t)^{\frac{2-\alpha_m}{2}}\mathcal{E}_k(t)\mathcal{E}_p(t)^{\frac{1}{2}}$$
$$\leqslant C\varepsilon\phi\left(\tilde{D}(t)\right)\mathcal{E}_k(t)\mathcal{E}_p(t)^{\frac{1}{2}}$$
$$\leqslant \frac{C_1\varepsilon}{2}\phi\left(\tilde{D}(t)\right)\mathcal{E}_p(t) + C\mathcal{E}(0)\varepsilon\phi\left(\tilde{D}(t)\right)\mathcal{E}_k(t). \tag{7.23}$$

将式 (7.20) 和式 (7.22)、式 (7.23) 结合，得到对 $\forall \alpha_m \geqslant 1$，有

$$\frac{\mathrm{d}}{\mathrm{d}t}\mathcal{L}_1(t) \leqslant -2\left[\phi(\tilde{D}(t)) - \frac{\varepsilon}{4}\phi\left(\tilde{D}(t)\right) - C\varepsilon\phi\left(\tilde{D}(t)\right)\right]\mathcal{E}_k(t) -$$
$$\frac{C_1\varepsilon}{2}\phi\left(\tilde{D}(t)\right)\mathcal{E}_p(t).$$

因此，存在依赖于 $\mathrm{supp} f_0$ 的 $\varepsilon_0 \in (0,1)$，使得

$$\frac{\mathrm{d}}{\mathrm{d}t}\mathcal{L}_1(t) \leqslant -\frac{C_1\varepsilon}{2}\phi\left(\tilde{D}(t)\right)\mathcal{E}(t), \quad \varepsilon \in (0,\varepsilon_0], \quad t \geqslant 0. \tag{7.24}$$

第二步 当 $\alpha_1 \in [1,2]$ 时，$\tilde{D}(t)$ 的有界性. 注意到由于 $\epsilon(t) = \dfrac{\phi(\tilde{D}(t))\varepsilon_0}{4}$，引理 7.3 对 Lyapunov 泛函 $\mathcal{L}_1(t)$ 同样成立. 因此，对 $\forall \alpha_1 \in [1,2]$，由式 (7.10)，有

$$\mathcal{L}_1(t) \leqslant c_2 \left(1 + \frac{\tilde{D}(t)^{2-\alpha_1}\phi(\tilde{D}(t))\varepsilon_0}{4}\right)\mathcal{E}(t).$$

将上述不等式与式 (7.24) 结合，有

$$\frac{\mathrm{d}}{\mathrm{d}t}\mathcal{L}_1(t) \leqslant -\frac{\dfrac{C_1\varepsilon_0}{2}\phi\left(\tilde{D}(t)\right)}{c_2\left(1 + \dfrac{\tilde{D}(t)^{2-\alpha_1}\phi(\tilde{D}(t))\varepsilon_0}{4}\right)}\mathcal{L}_1(t)$$

$$= -\frac{C_1}{8c_2}\left(\frac{\varepsilon_0}{4\phi^{-1}(\tilde{D}(t)) + \tilde{D}(t)^{2-\alpha_1}\varepsilon_0}\right)\mathcal{L}_1(t), \quad \alpha_1 \in [1,2].$$

基于上述不等式和 $\tilde{D}(t)$ 的定义，可以得到

$$\frac{\mathrm{d}}{\mathrm{d}t}\left(\int_{\tilde{D}(0)}^{\tilde{D}(t)} \frac{\varepsilon_0}{4\phi^{-1}(r) + \varepsilon_0 r^{2-\alpha_1}}\mathrm{d}r + \frac{16\sqrt{2}C_0 c_2}{C_1}\mathcal{L}_1^{\frac{1}{2}}(t)\right)$$

$$= \frac{\varepsilon_0}{4\phi^{-1}(\tilde{D}(t)) + 2\tilde{D}(t)^{2-\alpha_1}\varepsilon_0}C_0\mathcal{E}_k(t)^{\frac{1}{2}} - \frac{2\sqrt{2}C_0\varepsilon_0}{4\phi^{-1}(\tilde{D}(t)) + 2\tilde{D}(t)^{2-\alpha_1}\varepsilon_0}\frac{\sqrt{\mathcal{L}_1(t)}}{2}$$

$$\leqslant 0.$$

因此，

$$\int_{\tilde{D}(0)}^{\tilde{D}(t)} \frac{\varepsilon_0}{4\phi^{-1}(r) + \varepsilon_0 r^{2-\alpha_1}}\mathrm{d}r + \frac{16\sqrt{2}C_0 c_2}{C_1}\mathcal{L}_1^{\frac{1}{2}}(t)$$

$$\leqslant \frac{16\sqrt{2}C_0 c_2}{C_1}\mathcal{L}_1^{\frac{1}{2}}(0). \tag{7.25}$$

注意，由式 (7.7) 可得

$$\int_{C_0}^{\infty} \frac{\varepsilon_0}{4\phi^{-1}(r) + \varepsilon_0 r^{2-\alpha_1}}\mathrm{d}r$$

$$\geqslant \int_{C_0}^{\infty} \frac{\varepsilon_0}{4\phi^{-1}(r) + \varepsilon_0 C_0^{1-\alpha_1} r}\mathrm{d}r = \infty, \quad \alpha_1 \in [1,2].$$

因此，存在 $D > C_0$ 使得

$$\int_{C_0}^{D} \frac{\varepsilon_0}{4\phi^{-1}(r) + \varepsilon_0 r^{2-\alpha_1}} \mathrm{d}r = \frac{16\sqrt{2}C_0 c_2}{C_1} \mathcal{L}_1^{\frac{1}{2}}(0).$$

将上述不等式与式 (7.25) 结合，可以得到

$$\tilde{D}(t) \leqslant D, \quad t \geqslant 0.$$

第三步 当 $\alpha_1 \in (2, 4)$ 时，$\tilde{D}(t)$ 的有界性. 对于 $\alpha_1 > 2$ 的情况，由式 (7.10) 可知

$$\mathcal{L}_1(t) \leqslant c_2 \mathcal{E}^{\frac{2}{\alpha_1}}(t). \tag{7.26}$$

将上述不等式和式 (7.24) 结合，可得

$$\frac{\mathrm{d}\mathcal{L}_1}{\mathrm{d}t} \leqslant -\frac{C_1 \varepsilon_0}{2 c_2^{\alpha_1/4}} \phi\left(\tilde{D}(t)\right) \mathcal{E}(t)^{\frac{1}{2}} \mathcal{L}_1(t)^{\frac{\alpha_1}{4}}. \tag{7.27}$$

因此，

$$\frac{\mathrm{d}}{\mathrm{d}t} \mathcal{L}_1^{\frac{4-\alpha_1}{4}}(t) \leqslant -\frac{(4-\alpha_1) C_1 \varepsilon_0}{8 c_2^{\alpha_1/4}} \phi\left(\tilde{D}(t)\right) \mathcal{E}^{\frac{1}{2}}(t).$$

现在，可以得到

$$\frac{\mathrm{d}}{\mathrm{d}t} \left(\int_{\tilde{D}(0)}^{\tilde{D}(t)} \phi(r) \mathrm{d}r + \frac{8 c_2^{\alpha_1/4} C_0}{(4-\alpha_1) C_1 \varepsilon_0} \mathcal{L}_1^{\frac{4-\alpha_1}{4}}(t) \right)$$
$$= C_0 \phi(\tilde{D}(t)) \mathcal{E}_k(t)^{\frac{1}{2}} - C_0 \phi(\tilde{D}(t)) \mathcal{E}^{\frac{1}{2}}(t) \leqslant 0. \tag{7.28}$$

然后与第二步中的方法类似，可以从命题 7.1 中得到

$$\iint \left(\sum_{i=1}^{m} |x|^{\alpha_i} + |x|^2 + |v|^2 \right) f(t, x, v) \mathrm{d}x \mathrm{d}v \leqslant C(1+t)^{-\frac{2}{\alpha_1 - 2}}, \quad \alpha_1 \in (2, 4).$$

第四步 当 $\alpha_1 \geqslant 4$ 时，$\mathcal{L}_1(t)$ 的衰减. 由 $\tilde{D}(t)$ 的定义和 $\mathcal{E}_k(t)$ 的有界性，可以得到

$$\tilde{D}(t) \leqslant C_0 \left(1 + \mathcal{E}(0)^{\frac{1}{2}} t \right).$$

将上述不等式和式 (7.24)、式 (7.26) 结合，可得

$$\frac{\mathrm{d}\mathcal{L}_1}{\mathrm{d}t} \leqslant -\frac{C_1 \varepsilon_0}{2 c_2^{\alpha_1/2}} \phi\left(C_0 \left(1 + \mathcal{E}(0)^{\frac{1}{2}} t \right) \right) \mathcal{L}_1(t)^{\frac{\alpha_1}{2}},$$

这就可得

$$\frac{\mathrm{d}}{\mathrm{d}t}\mathcal{L}_1^{-\frac{\alpha_1-2}{2}}(t) \geqslant \frac{(\alpha_1-2)\varepsilon_0}{4c_2^{\alpha/2}C_1}\phi\left(C_0\left(1+\mathcal{E}(0)^{\frac{1}{2}}t\right)\right).$$

由于 ϕ 不可积, 由上述不等式, 可以得到 $\mathcal{L}_1(t)$ 收敛于 0. 而且,

$$\mathcal{L}_1(t) \leqslant C\left[\int_0^t \phi\left(C_0\left(1+\mathcal{E}(0)^{\frac{1}{2}}s\right)\right)\mathrm{d}s\right]^{-\frac{2}{\alpha_1-2}}$$

$$\leqslant C\left[\int_{C_0}^{C_0+Ct}\phi(s)\mathrm{d}s\right]^{-\frac{2}{\alpha_1-2}}.$$

然后, 由引理 7.3 和上述不等式, 完成了式 (7.3) 的证明. □

附注 7.5 对 $\alpha_1 \in [1,4)$ 的情况, 当 $\int_0^\infty \phi(r)\mathrm{d}r < \infty$ 时, 对于一些有限制的初值, 也能得到一致性. 实际上, 如果初值满足

$$\begin{cases} \dfrac{16\sqrt{2}C_0c_2}{C_1}\mathcal{L}_1^{\frac{1}{2}}(0) < \displaystyle\int_{C_0}^\infty \dfrac{\varepsilon_0}{4\phi^{-1}(r)+\varepsilon_0 r^{2-\alpha_1}}\mathrm{d}r, & \alpha_1 \in [1,2]; \\ \dfrac{8c_2^{\alpha_1/4}C_0}{(4-\alpha_1)C_1\varepsilon_0}\mathcal{L}_1^{\frac{4-\alpha_1}{4}}(0) < \displaystyle\int_{C_0}^\infty \phi(r)\mathrm{d}r, & \alpha_1 \in (2,4), \end{cases} \quad (7.29)$$

由式 (7.25) 和式 (7.28), 可以得到 $D(t)$ 的有界性.

7.5 强一致性

本节将进一步证明, 如果 $\alpha_1 \in [1,4)$, 那么 $f(t)$ 的支集收敛于原点. 为此, 定义微观 Lyapunov 泛函:

$$\mathcal{L}_{\mathrm{micro}}(t,x,v) := \frac{1}{2}|V|^2 + (K*\rho)(t,X) +$$

$$\frac{\phi(D)}{8}\left(X\cdot V + \int \Phi(|X-y|)\rho(t,y)\mathrm{d}y\right),$$

其中 $D = \sup_{t\geqslant 0} D(t)$.

引理 7.8 令 f_0 满足假设 6.2 和式 (7.29), 令 K 满足假设 7.1, 其中 $\alpha_1 \in [1,4)$. 假设 ϕ 满足条件 (7.1) 和条件 (7.2), 则

$$\frac{\mathrm{d}}{\mathrm{d}t}\mathcal{L}_{\mathrm{micro}}(t,x,v) \leqslant -C\mathcal{E}_{\mathrm{micro}}(t,x,v) + C\left[\iint(|x|^2+|v|^2)f\mathrm{d}x\mathrm{d}v\right]^{\min\left\{1,\frac{\alpha_1}{2}\right\}}.$$

证明 由式 (7.14)，有

$$\frac{\mathrm{d}}{\mathrm{d}t}\left(X\cdot V+\int\Phi(|X-y|)\rho(t,y)\mathrm{d}y\right)$$

$$=|V|^2+X\cdot(L[f](t,X,V)-(\nabla K*\rho)(t,X))+$$

$$\iint\phi(|X-y|)(X-y)\cdot(V-w)f(t,y,w)\mathrm{d}y\mathrm{d}w$$

$$=|V|^2-X\cdot\int K'(|X-y|)\frac{X-y}{|X-y|}\rho(t,y)\mathrm{d}y-$$

$$\iint\phi(|X-y|)(V-w)\cdot y f(t,y,w)\mathrm{d}y\mathrm{d}w$$

$$\leqslant|V|^2-k_1\sum_{i=1}^{m}\iint|X-y|^{\alpha_i}f(t,y,w)\mathrm{d}y\mathrm{d}w+$$

$$k_2\sum_{i=1}^{m}\iint|X-y|^{\alpha_i-1}|y|f(t,y,w)\mathrm{d}y\mathrm{d}w+$$

$$\iint|V-w||y|f(t,y,w)\mathrm{d}y\mathrm{d}w$$

$$\leqslant 2|V|^2-\frac{k_1}{2}\sum_{i=1}^{m}\iint|X-y|^{\alpha_i}f(t,y,w)\mathrm{d}y\mathrm{d}w+C\iint|y|^{\alpha_1}f(t,y,w)\mathrm{d}y\mathrm{d}w+$$

$$\frac{1}{2}\iint|y|^2f(t,y,w)\mathrm{d}y\mathrm{d}w+\iint|w|^2f(t,y,w)\mathrm{d}y\mathrm{d}w. \tag{7.30}$$

其中，最后一个不等式由 Young 不等式、空间支柱的有界性和 Hölder 不等式得到. 另外，由式 (7.16) 和 Young 不等式，有

$$\frac{\mathrm{d}}{\mathrm{d}t}\left(\frac{1}{2}|V|^2+(K*\rho)(t,X)\right)$$

$$\leqslant-\frac{|V|^2}{2}\int\phi(|X-y|)\rho(t,y)\mathrm{d}y+\frac{1}{2}\iint|w|^2f(t,y,w)\mathrm{d}y\mathrm{d}w+$$

$$C\iint|X-y|^{\alpha_1-1}|w|f(t,y,w)\mathrm{d}y\mathrm{d}w$$

$$\leqslant-\frac{\phi(D)}{2}|V|^2+\frac{1}{2}\iint|v|^2f\mathrm{d}x\mathrm{d}v+\delta\iint|X-y|^{\alpha_1}f(t,y,w)\mathrm{d}y\mathrm{d}w+$$

$$\frac{C}{\delta^{\alpha-1}}\iint|v|^{\alpha_1}f\mathrm{d}x\mathrm{d}v, \tag{7.31}$$

其中 $\delta = \dfrac{k_1 \phi(D)}{32}$. 将式 (7.31) 和式 (7.30) 结合，得到

$$\frac{\mathrm{d}}{\mathrm{d}t}\mathcal{L}_{\mathrm{micro}}(t,x,v)$$

$$\leqslant -\frac{\phi(D)}{4}|V|^2 - C\phi(D)(K*\rho)(t,X)+$$

$$C\iint \left(|x|^{\alpha_1} + |v|^{\alpha_1} + |x|^2 + |v|^2\right) f \mathrm{d}x\mathrm{d}v,$$

其中 $C > 0$ 只依赖于 α_1 和 $\phi(D)$. 因此，根据速度和空间支柱的有界性，有

$$\frac{\mathrm{d}}{\mathrm{d}t}\mathcal{L}_{\mathrm{micro}}(t,x,v) \leqslant -C\mathcal{E}_{\mathrm{micro}}(t,x,v) + C\left[\iint \left(|x|^2 + |v|^2\right) f \mathrm{d}x\mathrm{d}v\right]^{\min\left\{1,\frac{\alpha_1}{2}\right\}}.$$

$\square$

引理 7.9 令 f_0 满足假设 6.2 和式 (7.29)，并且令 K 满足假设 7.1，其中 $\alpha \in [1,4)$. 假设 ϕ 满足条件 (7.1) 和条件 (7.2). 则

$$\mathcal{L}_{\mathrm{micro}}(t,x,v) \leqslant C\mathcal{E}_{\mathrm{micro}}^{\min\left\{\frac{2}{\alpha_1},1\right\}}(t,x,v), \tag{7.32}$$

并且

$$\mathcal{L}_{\mathrm{micro}}(t,x,v) \geqslant \frac{1}{2}\mathcal{E}_{\mathrm{micro}}(t,x,v) + \frac{\phi^2(D)}{16}\int |X-y|^2 \rho(t,y)\mathrm{d}y. \tag{7.33}$$

证明 根据式 (6.4)，知道

$$|X \cdot V| \leqslant \frac{1}{2}|V|^2 + \frac{1}{2}|X|^2$$

$$\leqslant \frac{1}{2}|V|^2 + \frac{1}{2}\int |X-y|^2 \rho(t,y)\mathrm{d}y.$$

由 Φ 的定义，有

$$\int \Phi(|X-y|)\rho(t,y)\mathrm{d}y \leqslant \frac{1}{2}\int |X-y|^2 \rho(t,y)\mathrm{d}y.$$

由上述两个不等式，有

$$\mathcal{L}_{\mathrm{micro}}(t,x,v) \leqslant |V|^2 + C\sum_{i=1}^{m}\int |X-y|^{\alpha_m}\rho(t,y)\mathrm{d}y + C\int |X-y|^2 \rho(t,y)\mathrm{d}y$$

第 7 章 具有幂律势的 Cucker-Smale 模型

$$\leqslant C \left(|V|^2 + \int |X-y|^{\alpha_1} \rho(t,y) \mathrm{d}y \right)^{\min\left\{1, \frac{2}{\alpha_1}\right\}}.$$

由于速度支柱和空间直径是有界的，因此，由式 (7.1) 中 $\mathcal{E}_{\mathrm{micro}}(t)$ 的定义，可得式 (7.32) 和式 (7.33)。 □

定理 7.1 的证明

只需证式 (7.4). 对于 $\alpha_1 \in [1,2]$ 的情形，根据引理 7.8 和式 (7.3) 可得

$$\frac{\mathrm{d}}{\mathrm{d}t} \mathcal{L}_{\mathrm{micro}}(t,x,v) \leqslant -C \mathcal{E}_{\mathrm{micro}}(t,x,v) + C \mathrm{e}^{-Ct}.$$

将上述不等式和式 (7.32) 结合，得到

$$\frac{\mathrm{d}}{\mathrm{d}t} \mathcal{L}_{\mathrm{micro}}(t,x,v) \leqslant -C \mathcal{L}_{\mathrm{micro}}(t,x,v) + C \mathrm{e}^{-Ct}.$$

根据上述不等式和式 (7.33)，可以得到 $\mathcal{L}_{\mathrm{micro}}(t,x,v)$ 和 $\mathcal{E}_{\mathrm{micro}}(t,x,v)$ 指数收敛于 0, 因此

$$\sup_{(x,v) \in \mathrm{supp} f(t)} (|x|^2 + |v|^2) \leqslant C \mathrm{e}^{-Ct}.$$

现在考虑 $\alpha_1 > 2$ 的情形. 一方面，由引理 7.8 和式 (7.32)，有

$$\frac{\mathrm{d}}{\mathrm{d}t} \mathcal{L}_{\mathrm{micro}}(t,x,v) \leqslant -C \mathcal{E}_{\mathrm{micro}}(t,x,v) + C \iint (|x|^2 + |v|^2) f \mathrm{d}x \mathrm{d}v$$

$$\leqslant -C \mathcal{L}_{\mathrm{micro}}^{\frac{\alpha_1}{2}}(t,x,v) + C \iint (|x|^2 + |v|^2) f \mathrm{d}x \mathrm{d}v.$$

另一方面，根据引理 7.4, 得到

$$\frac{\mathrm{d}}{\mathrm{d}t} \mathcal{L}^{2-\frac{\alpha_1}{2}} \leqslant -c_0 \left(2 - \frac{\alpha_1}{2}\right) \frac{\phi(D)}{8} \mathcal{L}(t)$$

$$\leqslant -c_0 \left(1 - \frac{\alpha_1}{4}\right) \frac{\phi(D)}{8} \mathcal{L}(t) - C \iint (|v|^2 + |x|^2) f(t,x,v) \mathrm{d}x \mathrm{d}v.$$

将上述两个不等式结合，可以选择一个足够大的 k 使得

$$\frac{\mathrm{d}}{\mathrm{d}t} \left(\mathcal{L}_{\mathrm{micro}}(t,x,v) + k \mathcal{L}^{2-\frac{\alpha_1}{2}}(t) \right)$$

$$\leqslant -C \mathcal{L}_{\mathrm{micro}}^{\frac{\alpha_1}{2}}(t,x,v) - C \mathcal{L}(t)$$

$$\leqslant -C \left(\mathcal{L}_{\mathrm{micro}}(t,x,v) + \mathcal{L}^{2-\frac{\alpha_1}{2}}(t) \right)^{\frac{2}{4-\alpha_1}}.$$

因此，
$$\mathcal{L}_{\mathrm{micro}}(t,x,v) \leqslant C(1+t)^{-\frac{4-\alpha_1}{\alpha_1-2}}.$$

最后，由式 (7.33) 可得
$$\mathcal{L}_{\mathrm{micro}}(t,x,v) \geqslant \frac{1}{2}\mathcal{E}_{\mathrm{micro}}(t,x,v) + \frac{\phi^2(D)}{16}\int |X-y|^2\rho(t,y)\mathrm{d}y$$
$$\geqslant \frac{1}{2}|V|^2 + \frac{\phi^2(D)}{16}|X|^2.$$

将上述两个不等式结合，对于 $\alpha_1 \in (2,4)$，就得到了式 (7.4)。根据附注 7.4、式 (7.3) 和式 (7.4)，最终完成了定理 7.1 的整个证明。 □

显然，3.4 节和 3.5 节中使用的方法适用于流体动力学模型 (6.3) 和离散模型 (6.1)，其中 Lyapunov 泛函和能量分别由下两式定义：

$$\mathfrak{L}(t) := \mathfrak{E}(t) + \epsilon(t)\left(2\int x \cdot u(t,x)\rho(t,x)\mathrm{d}x + \iint \Phi(|x-y|)\rho(t,x)\rho(t,y)\mathrm{d}x\mathrm{d}y\right),$$

$$\mathfrak{E}(t) := \int |u(t,x)|^2\rho(t,x)\mathrm{d}x + \iint K(|x-y|)\rho(t,x)\rho(t,y)\mathrm{d}x\mathrm{d}y.$$

重复上述计算，得到以下结果。

附注 7.6 令 K 满足假设 7.1，其中 $\alpha_1 \geqslant 1$。假设 ϕ 满足条件 (7.1)、条件 (7.2) 和
$$\int_0^\infty \phi(r)\mathrm{d}r = \infty.$$

令 (ρ,u) 是模型 (6.3) 在初值 ρ_0 具有紧支集条件下的一个全局经典解，则它能达成一致。而且

$$\sup_{x,y\in\mathrm{supp}\rho(t)} (|x-y|^2 + |u(t,x)-u(t,y)|^2) \leqslant \begin{cases} C\exp\{-Ct\}, & \alpha_1 \in [1,2]; \\ C(1+t)^{-\frac{4-\alpha_1}{\alpha_1-2}}, & \alpha_1 \in (2,4). \end{cases}$$

对 $\forall \alpha_1 \in [4,\infty)$，有

$$\iint \left(|x-y|^2 + |u(t,x)-u(t,y)|^2\right)\rho(t,x)\rho(t,y)\mathrm{d}x\mathrm{d}y$$
$$\leqslant C\left[\int_C^{C(t+1)}\phi(s)\mathrm{d}s\right]^{-\frac{2}{\alpha_1-2}}.$$

第 8 章

具有高次幂律势的 Cucker-Smale模型

第 7 章证明了具有低次幂律势 $\alpha \in [1, 4]$ 的 C-S 模型的一致性. 对于更高次幂的情形, 由于粒子之间的吸引力变得非常弱, 解是否仍存在一致性是未知的. 本章主要研究具有高次幂律势的动理学 C-S 模型的一致性. 我们将通过一些宏观和微观的 Lyapunov 泛函的估计, 对任意 $\alpha \in [4, \infty)$, 研究系统解的弱一致性和强一致性以及它们的精确收敛速度. 8.1 节给出了模型简介及其基本性质, 8.2 节对宏观和微观的 Lyapunov 泛函及其导数做出了预先估计, 8.3 节证明了模型解的强一致、弱一致及其收敛速率.

8.1 模型介绍及基本性质

本节将要研究的是如下具有吸引势能的动理学 C-S 模型:

$$\begin{cases} \partial_t f + v \cdot \nabla_x f + \mathrm{div}_v[(L[f] - \nabla U * \rho)f] = 0, \\ L[f](t,x,v) = -\int_{\mathbb{R}^{2d}} (v-w)\phi(|x-y|)f(t,y,w)\mathrm{d}y\mathrm{d}w, \\ \rho(t,x) = \int_{\mathbb{R}^d} f(t,x,v)\mathrm{d}v, \\ f(0,x,v) = f_0(x,v). \end{cases} \quad (8.1)$$

其中 $-\nabla U * \rho$ 代表由成对的吸引势所产生的力. 首先对 U 和 ϕ 给出如下假设:

假设 8.1 设 $U \in C^2(\mathbb{R}^+)$ 满足

$$U(0) = 0, \quad k_1 r^{\alpha-1} \leqslant U'(r) \leqslant k_2 r^{\alpha-1}, \quad \alpha \geqslant 4. \quad (8.2)$$

设 $\phi \in C_b^1(\mathbb{R}^+)$ 满足

$$\phi(r) \geqslant \phi_0(r) := (1+r^2)^{-\frac{\beta}{2}}, \ \beta \geqslant 0. \tag{8.3}$$

下面介绍动理学模型 (8.1) 的基本性质：质量守恒、动量守恒和能量衰减.

$$\begin{cases} \dfrac{\mathrm{d}}{\mathrm{d}t}\iint f(t,x,v)\mathrm{d}x\mathrm{d}v = 0, \\ \dfrac{\mathrm{d}}{\mathrm{d}t}\iint vf(t,x,v)\mathrm{d}x\mathrm{d}v = 0, \\ \dfrac{\mathrm{d}}{\mathrm{d}t}E(t) = -\iiiint |v-w|^2\phi(|x-y|)f(t,x,v)f(t,y,w)\mathrm{d}x\mathrm{d}v\mathrm{d}y\mathrm{d}w. \end{cases} \tag{8.4}$$

其中, $E(t)$ 是在 t 时刻的总能量. 它的定义如下:

$$E(t) := \iint |v|^2 f(t,x,v)\mathrm{d}x\mathrm{d}v + \iint U(|x-y|)\rho(t,x)\rho(t,y)\mathrm{d}x\mathrm{d}y.$$

为了方便书写, 将动能 $\iint |v|^2 f \mathrm{d}x\mathrm{d}v$ 和势能 $\iint U(|x-y|)\rho(t,x)\rho(t,y)\mathrm{d}x\mathrm{d}y$ 分别简记为 $E_k(t)$ 和 $E_p(t)$. 为简单起见, 只考虑以下初值:

$$\iint vf_0(x,v)\mathrm{d}x\mathrm{d}v = 0, \quad \iint xf_0(x,v)\mathrm{d}x\mathrm{d}v = 0. \tag{8.5}$$

由于动量守恒, 可以从上述假设中得到

$$\begin{cases} \iint vf(t,x,v)\mathrm{d}x\mathrm{d}v = 0, \\ \iint xf(t,x,v)\mathrm{d}x\mathrm{d}v = 0. \end{cases} \tag{8.6}$$

根据式 (8.4), 有能量衰减

$$\begin{aligned} \frac{\mathrm{d}}{\mathrm{d}t}E(t) &\leqslant -\iiiint |v-w|^2\phi_0(|x-y|)f(t,x,v)f(t,y,w)\mathrm{d}x\mathrm{d}v\mathrm{d}y\mathrm{d}w \\ &\leqslant -2\phi_0(D_x(t))E_k(t). \end{aligned} \tag{8.7}$$

当势能 $U(r)$ 不存在时, 式 (8.7) 对于模型 (8.1) 建立群集行为是至关重要的. 但是, 当势能存在时, 由于缺乏矫顽力, 不足以得到任何的定量估算.

首先, 建立有以下经典解的整体存在性.

引理 8.1 设 $U \in C^2(\mathbb{R}^+)$ 满足条件 (8.2)，并且设 $\phi \in C_b^1(\mathbb{R}^+)$ 满足条件 (8.3). 那么对任意初值 $f_0 \in C_c^1(\mathbb{R}^{2d}) \cap \mathcal{P}(\mathbb{R}^{2d})$，模型 (8.1) 存在唯一的解 $f \in C^1([0,\infty); C_c^1(\mathbb{R}^{2d}))$. 此外，空间直径满足

$$D_x(t) := \sup_{(x,v),(y,w)\in \mathrm{supp} f(t)} |x-y| \leqslant C_0 \left(1 + \int_0^t E_k(s)^{\frac{1}{2}} \mathrm{d}s\right). \tag{8.8}$$

其中 C_0 是大于 0 的常数且依赖于 k_1, k_2, α 和 $\mathrm{supp} f_0$.

8.2 Lyapunov 泛函

为了证明解的弱一致和强一致并得到其指数收敛速率，Lyapunov 泛函的构造是至关重要的.

8.2.1 宏观 Lyapunov 泛函

与第 7 章相同，考虑如下宏观 Lyapunov 泛函：

$$\mathcal{L}(t) := E(t) + \epsilon(t)\left(2\iint x \cdot vf \mathrm{d}x\mathrm{d}v + \iint \varPhi(|x-y|)\rho(t,x)\rho(t,y)\mathrm{d}x\mathrm{d}y\right), \tag{8.9}$$

其中

$$\varPhi(r) := \int_0^r s\phi(s)\mathrm{d}s, \tag{8.10}$$

且

$$0 < \epsilon(t) \leqslant \frac{1}{4}\phi_0(D_x(t)). \tag{8.11}$$

具体来说，有以下两个引理.

引理 8.2 设 f 是初值为 f_0 且进一步满足式 (8.5) 时的解. 对任意满足条件 (8.11) 的 $\epsilon(t)$，有

$$\mathcal{L}(t) \geqslant \frac{1}{2}E(t) + \frac{1}{2}\phi_0(D_x(t))\epsilon(t)M_2(t), \tag{8.12}$$

且

$$\mathcal{L}(t) \leqslant \frac{3}{2}E(t) + C\epsilon(t)E(t)^{\frac{2}{\alpha}}, \tag{8.13}$$

其中，简记 $M_2(t) := \iint |x|^2 f \mathrm{d}x \mathrm{d}v$.

证明 根据式 (8.10) 中 Φ 的定义以及 ϕ_0 递减，可得 $\Phi(r) \geqslant \int_0^r s\phi_0(s)\mathrm{d}s \geqslant \frac{1}{2}r^2\phi_0(r)$. 随后根据 $D_x(t)$ 的定义和式 (8.6)，有

$$\epsilon(t)\iint \Phi(|x-y|)\rho(t,x)\rho(t,y)\mathrm{d}x\mathrm{d}y$$
$$\geqslant \frac{\epsilon(t)}{2}\iint \phi_0(|x-y|)|x-y|^2\rho(t,x)\rho(t,y)\mathrm{d}x\mathrm{d}y$$
$$\geqslant \epsilon(t)\phi_0(D_x(t))M_2(t). \tag{8.14}$$

根据 Young 不等式，可得

$$2\epsilon(t)\left|\iint x\cdot vf\mathrm{d}x\mathrm{d}v\right|$$
$$\leqslant 2\epsilon(t)^2\iint |x|^2 f(t,x,v)\mathrm{d}x\mathrm{d}v + \frac{1}{2}\iint |v|^2 f(t,x,v)\mathrm{d}x\mathrm{d}v$$
$$= 2\epsilon(t)^2 M_2(t) + \frac{1}{2}E_k(t). \tag{8.15}$$

随后将式 (8.14) 和式 (8.15) 合并，根据 $\epsilon(t)\leqslant \dfrac{\phi_0(D_x(t))}{4}$ 得出

$$\epsilon(t)\left(2\iint x\cdot vf\mathrm{d}x\mathrm{d}v + \iint \Phi(|x-y|)\rho(t,x)\rho(t,y)\mathrm{d}x\mathrm{d}y\right)$$
$$\geqslant \epsilon(t)\left[\phi_0(D_x(t)) - 2\epsilon(t)\right]M_2(t) - \frac{1}{2}E_k(t)$$
$$\geqslant -\frac{1}{2}E_k(t) + \frac{1}{2}\phi_0(D_x(t))\epsilon(t)M_2(t).$$

结合上述不等式和 $\mathcal{L}(t)$ 的定义，可得式 (8.12). 由于 $\mathcal{L}(t)$ 有上界，根据式 (8.10) 中 Φ 的定义以及 $\phi\leqslant 1$，可得

$$\epsilon(t)\iint \Phi(|x-y|)\rho(t,x)\rho(t,y)\mathrm{d}x\mathrm{d}y \leqslant \frac{\epsilon(t)}{2}\iint |x-y|^2\rho(t,x)\rho(t,y)\mathrm{d}x\mathrm{d}y$$
$$= \epsilon(t)M_2(t).$$

再次使用式 (8.15)，由于 $\epsilon(t)\leqslant \dfrac{1}{4}\phi_0(D_x(t))\leqslant \dfrac{1}{4}$，因此通过上述不等式得出

$$\mathcal{L}(t) \leqslant \frac{3}{2}E(t) + \epsilon(t)(1+2\epsilon(t))M_2(t)$$

$$\leqslant \frac{3}{2}[E(t)+\epsilon(t)M_2(t)], \tag{8.16}$$

结合式 (8.16) 和 Hölder 不等式，从而得到式 (8.13). □

引理 8.3 设 f 是初值为 f_0 且进一步满足条件 (8.5) 时的解. 对任意满足条件 (8.11) 的 $\epsilon(t)$，有

$$\frac{\mathrm{d}}{\mathrm{d}t}\mathcal{L}(t) \leqslant -\left[\frac{3}{2}\phi_0(D_x(t)) - \frac{|\epsilon'(t)|}{\phi_0(D_x(t))}\right]E_k(t) - C\epsilon(t)E_p(t).$$

证明 根据模型 (8.1) 和式 (8.10) 中 Φ 的定义，可得

$$\frac{\mathrm{d}}{\mathrm{d}t}\iint \Phi(|x-y|)\rho(t,x)\rho(t,y)\mathrm{d}x\mathrm{d}y$$
$$= \iiiint \Phi'(|x-y|)\frac{x-y}{|x-y|}\cdot(v-w)f(t,x,y)f(t,y,w)\mathrm{d}x\mathrm{d}v\mathrm{d}y\mathrm{d}w$$
$$= \iiiint \phi(|x-y|)(x-y)\cdot(v-w)f(t,x,y)f(t,y,w)\mathrm{d}x\mathrm{d}v\mathrm{d}y\mathrm{d}w$$
$$= -2\iint x\cdot L[f]f\mathrm{d}x\mathrm{d}v. \tag{8.17}$$

随后通过模型 (8.1) 以及关于 $U(r)$ 的假设可以得出

$$\frac{\mathrm{d}}{\mathrm{d}t}\left(2\iint x\cdot vf\mathrm{d}x\mathrm{d}v\right)$$
$$= 2\iint |v|^2 f\mathrm{d}x\mathrm{d}v + 2\iint x\cdot(L[f]-\nabla U*\rho)f\mathrm{d}x\mathrm{d}v$$
$$= 2\iint |v|^2 f\mathrm{d}x\mathrm{d}v + 2\iint x\cdot L[f]f\mathrm{d}x\mathrm{d}v - \iint |x-y|U'(|x-y|)\rho(t,x)\rho(t,y)\mathrm{d}x\mathrm{d}y$$
$$\leqslant 2E_k(t) - k_1\iint |x-y|^\alpha \rho(t,x)\rho(t,y)\mathrm{d}x\mathrm{d}y + 2\iint x\cdot L[f]f\mathrm{d}x\mathrm{d}v.$$

将式 (8.7)、式 (8.17) 与上述不等式相结合，可得

$$\frac{\mathrm{d}}{\mathrm{d}t}\mathcal{L}(t)$$
$$\leqslant -[2\phi_0(D_x(t)) - 2\epsilon(t)]E_k(t) - C\epsilon(t)E_p(t) +$$
$$\quad \epsilon'(t)\left(2\iint x\cdot vf\mathrm{d}x\mathrm{d}v + \iint \Phi(|x-y|)\rho(t,x)\rho(t,y)\mathrm{d}x\mathrm{d}y\right)$$
$$\leqslant -\frac{3}{2}\phi_0(D_x(t))E_k(t) - C\epsilon(t)E_p(t) +$$

$$\epsilon'(t)\left(2\iint x\cdot vf\mathrm{d}x\mathrm{d}v + \iint \Phi(|x-y|)\rho(t,x)\rho(t,y)\mathrm{d}x\mathrm{d}y\right), \tag{8.18}$$

其中 $\epsilon(t) \leqslant \frac{1}{4}\phi_0(D_x(t))$. 接下来给出式 (8.18) 右半部分的最后一项的估计. 由 Hölder 不等式、式 (8.14) 以及 $\epsilon(t)$ 递减, 可以得到

$$\epsilon'(t)\left(2\iint x\cdot vf\mathrm{d}x\mathrm{d}v + \iint \Phi(|x-y|)\rho(t,x)\rho(t,y)\mathrm{d}x\mathrm{d}y\right)$$
$$\leqslant \epsilon'(t)\left(-2\sqrt{E_k(t)M_2(t)} + \phi_0(D_x(t))M_2(t)\right)$$
$$\leqslant \frac{|\epsilon'(t)|}{\phi_0(D_x(t))}E_k(t), \tag{8.19}$$

其中最后一步是根据 Young 不等式得出的. 最后, 将式 (8.18) 与式 (8.19) 相结合, 从而得到关于 $\mathcal{L}'(t)$ 的估计. □

8.2.2 微观 Lyapunov 泛函

由于 f 是经典解且 ϕ, ψ 是光滑的, 特征流定义如下:

$$\begin{cases} \dot{X}(t,0,x,v) = V(t,0,x,v), \\ \dot{V}(t,0,x,v) = (L[f] - \nabla U*\rho)(t, X(t,0,x,v), V(t,0,x,v)), \\ (X,V)(0,0,x,v) = (x,v). \end{cases} \tag{8.20}$$

为方便计算, 简记 $(X,V) := (X(t,0,x,v), V(t,0,x,v))$. 基于 Lyapunov 泛函 (8.9), 给出微观 Lyapunov 泛函的定义如下:

$$\mathcal{L}_{\mathrm{micro}}(t,x,v) := E_{\mathrm{micro}}(t,x,v) +$$
$$\epsilon(t)\left(X\cdot V + \int \Phi(|X-y|)\rho(t,y)\mathrm{d}y\right), \quad (x,v)\in \mathrm{supp} f_0.$$

其中 $E_{\mathrm{micro}}(t,x,v)$ 是微观能量, 定义如下:

$$E_{\mathrm{micro}}(t,x,v) = \frac{1}{2}|V(t,0,x,v)|^2 + U*\rho(t, X(t,0,x,v)), \quad (x,v)\in \mathrm{supp} f_0.$$

类似于引理 8.2, 建立 $\mathcal{L}_{\mathrm{micro}}(t,x,v)$ 和 $E_{\mathrm{micro}}(t,x,v)$ 之间的联系.

引理 8.4 设 f 是初值为 f_0 且进一步满足条件 (8.5) 时的解. 对任意满足条件 (8.11) 的 $\epsilon(t)$, 有

$$\mathcal{L}_{\mathrm{micro}}(t,x,v) \geqslant \frac{1}{2}E_{\mathrm{micro}}(t,x,v) + \frac{1}{4}\phi_0(D_x(t))\epsilon(t)|X|^2, \tag{8.21}$$

且
$$\mathcal{L}_{\text{micro}}(t,x,v) \leqslant \frac{3}{2}E_{\text{micro}}(t,x,v) + C\epsilon(t)E_{\text{micro}}^{\frac{2}{\alpha}}(t,x,v). \tag{8.22}$$

引理 8.5 设 f 是初值为 f_0 且进一步满足条件 (8.5) 时的解. 对任意满足条件 (8.11) 的 $\epsilon(t)$, 有

$$\begin{aligned}&\frac{\mathrm{d}}{\mathrm{d}t}\mathcal{L}_{\text{micro}}(t,x,v)\\&\leqslant -\left[\frac{1}{8}\phi_0(D_x(t)) - \frac{|\epsilon'(t)|}{\phi_0(D_x(t))}\right]|V|^2 - C\epsilon(t)\int U(|X-y|)\rho(t,y)\mathrm{d}y\\&+ C[1+D_x(t)]^{\alpha-1}E(t)^{\frac{1}{2}} + C\epsilon(t)^{\frac{2\alpha}{\alpha-2}}.\end{aligned}$$

证明 首先, 由式 (8.20) 和 Young 不等式, 有

$$\begin{aligned}&\frac{\mathrm{d}}{\mathrm{d}t}\left(\frac{1}{2}|V|^2 + (U*\rho)(t,X)\right)\\&= V\cdot(L[f]-(\nabla U*\rho))(t,X,V) + \iint \nabla_x U(|X-y|)\cdot(V-w)f\mathrm{d}y\mathrm{d}w\\&= -\iint V\cdot(V-w)\phi(|X-y|)f\mathrm{d}y\mathrm{d}w - \iint \nabla_x U(|X-y|)\cdot wf\mathrm{d}y\mathrm{d}w\\&\leqslant -\frac{1}{2}\iint |V|^2\phi(|X-y|)f\mathrm{d}y\mathrm{d}w + \frac{1}{2}\iint |w|^2\phi(|X-y|)f(t,y,w)\mathrm{d}y\mathrm{d}w\\&\quad + k_2\iint |X-y|^{\alpha-1}|w|f(t,y,w)\mathrm{d}y\mathrm{d}w,\end{aligned} \tag{8.23}$$

根据 $D_x(t)$ 的定义和 Hölder 不等式, 有

$$\begin{aligned}\frac{\mathrm{d}}{\mathrm{d}t}E_{\text{micro}}(t,x,v) &\leqslant -\frac{1}{2}|V|^2\iint \phi(|X-y|)f\mathrm{d}y\mathrm{d}w\\&\quad + \frac{1}{2}E_k(t) + k_2 D_x(t)^{\alpha-1}E_k(t)^{\frac{1}{2}}.\end{aligned} \tag{8.24}$$

其次, 类似于式 (8.19), 有

$$\begin{aligned}&\epsilon'(t)\left(X\cdot V + \int \Phi(|X-y|)\rho(t,y)\mathrm{d}y\right)\\&\leqslant \epsilon'(t)\left(-|X||V| + \frac{1}{2}\phi_0(D_x(t))\int |X-y|^2\rho(t,y)\mathrm{d}y\right)\\&\leqslant \epsilon'(t)\left(-|X||V| + \frac{1}{2}\phi_0(D_x(t))|X|^2\right) \leqslant \frac{|\epsilon'(t)|}{\phi_0(D_x(t))}|V|^2.\end{aligned} \tag{8.25}$$

根据式 (8.20) 和 Hölder 不等式，可以得到

$$\frac{\mathrm{d}}{\mathrm{d}t}\left(X \cdot V + \int \Phi(|X-y|)\rho(t,y)\mathrm{d}y\right)$$

$$= |V|^2 + X \cdot (L[f](t,X,V) - (\nabla U * \rho)(t,X)) +$$

$$\iint \phi(|X-y|)(X-y) \cdot (V-w)f(t,y,w)\mathrm{d}y\mathrm{d}w$$

$$= |V|^2 - \int (X-y) \cdot \nabla U(|X-y|)\rho(t,y)\mathrm{d}y - \int \nabla U(|X-y|) \cdot y\rho(t,y)\mathrm{d}y -$$

$$\iint \phi(|X-y|)(V-w) \cdot yf(t,y,w)\mathrm{d}y\mathrm{d}w$$

$$\leqslant |V|^2 - k_1 \int |X-y|^\alpha \rho(t,y)\mathrm{d}y + k_2 \int |X-y|^{\alpha-1}|y|\rho(t,y)\mathrm{d}y -$$

$$\iint \phi(|X-y|)V \cdot yf(t,y,w)\mathrm{d}y\mathrm{d}w + E_k(t)^{\frac{1}{2}}M_2(t)^{\frac{1}{2}}. \tag{8.26}$$

又因为 $\iint |x-y|^\alpha \rho(t,x)\rho(t,y)\mathrm{d}x\mathrm{d}y \approx \int |x|^\alpha \rho(t,x)\mathrm{d}x$，将其与 Young 不等式结合，可得

$$k_2 \int |X-y|^{\alpha-1}|y|\rho(t,y)\mathrm{d}y \leqslant \frac{k_1}{2}\int |X-y|^\alpha \rho(t,y)\mathrm{d}y + C\int |y|^\alpha \rho(t,y)\mathrm{d}y$$

$$\leqslant \frac{k_1}{2}\int |X-y|^\alpha \rho(t,y)\mathrm{d}y + CE_p(t). \tag{8.27}$$

接下来，由 Hölder 不等式和 Young 不等式，得出

$$\epsilon(t)\left|\iint \phi(|X-y|)V \cdot yf(t,y,w)\mathrm{d}y\mathrm{d}w\right|$$

$$= \epsilon(t)\left(\int \phi(|X-y|)|V|^2 \rho(t,y)\mathrm{d}y\right)^{\frac{1}{2}}\left(\int |y|^2 \rho(t,y)\mathrm{d}y\right)^{\frac{1}{2}}$$

$$\leqslant \frac{1}{8}|V|^2 \int \phi(|X-y|)\rho(t,y)\mathrm{d}y + C\epsilon(t)^2 M_2(t). \tag{8.28}$$

随后，结合式 (8.26) ∼ 式 (8.28)，并代入 Young 不等式，有

$$\epsilon(t)\frac{\mathrm{d}}{\mathrm{d}t}\left(X \cdot V + \int \Phi(|X-y|)\rho(t,y)\mathrm{d}y\right)$$

$$\leqslant \epsilon(t)|V|^2 - \frac{k_1}{2}\epsilon(t)\int |X-y|^\alpha \rho(t,y)\mathrm{d}y + C\epsilon(t)E_p(t)+$$

$$\epsilon(t)E_k(t)^{\frac{1}{2}}M_2(t)^{\frac{1}{2}} + \frac{1}{8}|V|^2\int \phi(|X-y|)\rho(t,y)\mathrm{d}y + C\epsilon(t)^2 M_2(t)$$

$$\leqslant \left(\epsilon(t) + \frac{1}{8}\int \phi(|X-y|)\rho(t,y)\mathrm{d}y\right)|V|^2 - C\epsilon(t)\int U(|X-y|)\rho(t,y)\mathrm{d}y+$$

$$C\epsilon(t)^2 M_2(t) + CE(t). \tag{8.29}$$

最后, 将式 (8.24)、式 (8.25) 和上述不等式结合, 并代入 $\phi(|X-y|) \geqslant \phi_0(D_x(t)) \geqslant 4\epsilon(t)$ 以及 $\epsilon(t)^2 M_2(t) \lesssim \epsilon(t)^2 E_p(t)^{\frac{2}{\alpha}} \lesssim \epsilon(t)^{\frac{2\alpha}{\alpha-2}} + E_p(t)$, 得

$$\frac{\mathrm{d}}{\mathrm{d}t}\mathcal{L}_{\mathrm{micro}}(t,x,v)$$

$$\leqslant -\left(\frac{3}{8}\int \phi(|X-y|)\rho(t,y)\mathrm{d}y - \epsilon(t) - \frac{|\epsilon'(t)|}{\phi_0(D_x(t))}\right)|V|^2-$$

$$C\epsilon(t)\int U(|X-y|)\rho(t,y)\mathrm{d}y + C\epsilon(t)^2 M_2(t) + CE(t) + k_2 D_x(t)^{\alpha-1}E_k(t)^{\frac{1}{2}}$$

$$\leqslant -\left(\frac{1}{8}\phi_0(D_x(t)) - \frac{|\epsilon'(t)|}{\phi_0(D_x(t))}\right)|V|^2 - C\epsilon(t)\int U(|X-y|)\rho(t,y)\mathrm{d}y+$$

$$C\epsilon(t)^{\frac{2\alpha}{\alpha-2}} + CE(t) + k_2 D_x(t)^{\alpha-1}E_k(t)^{\frac{1}{2}},$$

定理得证. □

8.3 一致性及其收敛速率

8.3.1 弱一致

本节将利用 Lyapunov 泛函 $\mathcal{L}(t)$ 来证明模型解的弱一致及其收敛速率. 首先, 将 $\epsilon_1(t)$ 的值固定, 令

$$\epsilon_1(t) := \frac{\varepsilon_1}{(t+1)^{1-}},$$

其中 ε_1 是一个充分小的正常数.

定理 8.1 设 f 是初值为 f_0 且进一步满足条件 (8.5) 时的解. 假设 $\alpha \geqslant 4$ 及 $\beta \leqslant 1$, 那么

$$\epsilon_1(t) \leqslant \frac{1}{4}\phi_0(D_x(t)), \quad E(t) \lesssim \epsilon_1(t)^{\frac{\alpha}{\alpha-2}}.$$

因此, f 的解达到弱一致.

证明 根据式 (8.8),可以得到 $D_x(t)$ 的第一个估计值:

$$D_x(t) \lesssim 1 + t. \tag{8.30}$$

由式 (8.30) 可得 $\phi_0(D_x(t)) \gtrsim (1+t)^{-\beta}$。对于 $\beta < 1$ 的情况,选择足够小的 ε_1 可以得到

$$\epsilon_1(t) = \frac{\varepsilon_1}{(t+1)^{1-}} \leqslant \frac{1}{4}\phi_0(D_x(t)). \tag{8.31}$$

随后根据式 (8.13),有

$$\mathcal{L}(t) \lesssim E(t) + \epsilon_1(t)^{\frac{\alpha}{\alpha-2}}. \tag{8.32}$$

对于 $\beta = 1$ 的情况,通过式 (8.30),首先需要选择足够小的 ε_0 来确保

$$\epsilon_0(t) = \frac{\varepsilon_0}{t+1} \leqslant \frac{1}{4}\phi_0(D_x(t)).$$

由引理 8.3 和 $\phi_0(D_x(t)) \gtrsim (t+1)^{-1}$,进一步限制 ε_0 可以得到

$$\begin{aligned}\frac{\mathrm{d}}{\mathrm{d}t}\mathcal{L}(t) \leqslant & -\phi_0(D_x(t))E_k(t) - C\epsilon_0(t)E_p(t) + \frac{|\epsilon_0'(t)|}{\phi_0(D_x(t))}E_k(t) \\ \leqslant & -\phi_0(D_x(t))E_k(t) - C\epsilon_0(t)E_p(t) + C\epsilon_0(t)E_k(t) \\ \leqslant & -C\epsilon_0(t)E(t). \end{aligned} \tag{8.33}$$

将它和式 (8.13) 合并,有

$$\frac{\mathrm{d}}{\mathrm{d}t}\mathcal{L}(t) \leqslant -C\epsilon_0(t)\mathcal{L}(t) + C\epsilon_0(t)^{1+\frac{\alpha}{\alpha-2}},$$

因此可以计算出

$$\mathcal{L}(t) \lesssim \frac{1}{(t+1)^{\min\{C\varepsilon_0, \frac{\alpha}{\alpha-2}\}}}.$$

通过式 (8.12) 和上述不等式,$E(t)$ 收敛于 0。那么根据式 (8.8),有

$$D_x(t) \lesssim (1+t)^{1-}, \quad \phi_0(D_x(t)) \gtrsim \frac{1}{(1+t)^{1-}}. \tag{8.34}$$

因此,对于式 (8.34),在 $\beta = 1$ 时,也可以选择式 (8.31) 中所给出的 $\epsilon_1(t)$,这种情况下也得到了式 (8.32)。

最后，与式 (8.33) 类似，代入式 (8.32)，可以由引理 8.3 和式 (8.31) 所选择的 $\epsilon_1(t)$ 得到

$$\frac{\mathrm{d}\mathcal{L}}{\mathrm{d}t} \leqslant -C\epsilon_1(t)E(t) \leqslant -C\epsilon_1(t)\mathcal{L} + C\epsilon_1(t)^{1+\frac{\alpha}{\alpha-2}},$$

根据 Duhamel 原理，可以得出 $\mathcal{L}(t) \lesssim \epsilon_1(t)^{\frac{\alpha}{\alpha-2}}$. 根据式 (8.12)，得到关于 $E(t)$ 的预期估计. $\square$

8.3.2 直径的有界性

为了证明强一致，需要更进一步证明 $D_x(t)$ 的有界性.

引理 8.6 设 f 是初值为 f_0 且进一步满足条件 (8.5) 的解. 假设 $\alpha \geqslant 4$ 及 $\beta \leqslant 1$，那么，$D_x(t)$ 是有界的.

证明 为了清晰起见，将证明分为以下两步.

第一步 利用引理 8.1 中所给出的 $\epsilon_1(t)$，给出 $D_x(t)$ 的另一个估计. 首先从引理 8.5 可以得到

$$\frac{\mathrm{d}}{\mathrm{d}t}\mathcal{L}_{\mathrm{micro}}(t,x,v)$$
$$\leqslant -\left(\frac{1}{8}\phi_0(D_x(t)) - \frac{\epsilon_1(t)}{(t+1)\phi_0(D_x(t))}\right)|V|^2 - C\epsilon_1(t)\int U(|X-y|)\rho(t,y)\mathrm{d}y +$$
$$C[1+D_x(t)]^{\alpha-1}E(t)^{\frac{1}{2}} + C\epsilon_1(t)^{\frac{2\alpha}{\alpha-2}}.$$

注意，当 $\beta \leqslant 1$ 时，$\phi_0(D_x(t)) \gtrsim (1+t)^{-1}$. 根据上述两个不等式，选择足够小的 ϵ_1 可以得到

$$\frac{\mathrm{d}}{\mathrm{d}t}\mathcal{L}_{\mathrm{micro}}(t,x,v) \leqslant -C\epsilon_1(t)E_{\mathrm{micro}}(t,x,v) +$$
$$C[1+D_x(t)]^{\alpha-1}E(t)^{\frac{1}{2}} + C\epsilon_1(t)^{\frac{2\alpha}{\alpha-2}}. \qquad (8.35)$$

根据式 (8.22)，可以得到

$$\mathcal{L}_{\mathrm{micro}}(t,x,v) \lesssim E_{\mathrm{micro}}(t,x,v) + \epsilon_1(t)^{\frac{\alpha}{\alpha-2}}. \qquad (8.36)$$

将式 (8.35)、式 (8.36) 与引理 8.1 合并，有

$$\frac{\mathrm{d}}{\mathrm{d}t}\mathcal{L}_{\mathrm{micro}}(t,x,v) \leqslant -C\epsilon_1(t)\mathcal{L}_{\mathrm{micro}}(t,x,v) +$$
$$C[1+D_x(t)]^{\alpha-1}\epsilon_1(t)^{\frac{\alpha}{2(\alpha-2)}}. \qquad (8.37)$$

根据式 (8.21)，有

$$D_x(t) \lesssim \sup_{(x,v)\in \mathrm{supp} f(t)} E_{\mathrm{micro}}(t,x,v)^{\frac{1}{\alpha}}$$

$$\lesssim \sup_{(x,v)\in \mathrm{supp} f(t)} \mathcal{L}_{\mathrm{micro}}(t,x,v)^{\frac{1}{\alpha}}. \tag{8.38}$$

记 $\mathcal{L}_{\mathrm{micro}}(t) := \sup_{(x,v)\in \mathrm{supp} f(t)} \mathcal{L}_{\mathrm{micro}}(t,x,v)$，那么由上述不等式和式 (8.37) 可以得到

$$\frac{\mathrm{d}}{\mathrm{d}t}\mathcal{L}_{\mathrm{micro}}(t) \leqslant -C\epsilon_1(t)\left[1+\mathcal{L}_{\mathrm{micro}}(t)\right] + C\left[1+\mathcal{L}_{\mathrm{micro}}(t)\right]^{\frac{\alpha-1}{\alpha}}\epsilon_1(t)^{\frac{\alpha}{2(\alpha-2)}},$$

其中 $\alpha \geqslant 4$. 将 $[1+\mathcal{L}_{\mathrm{micro}}(t)]^{\frac{\alpha-1}{\alpha}}$ 提取到上述不等式的两边，并根据 Duhamel 原理，有

$$[1+\mathcal{L}_{\mathrm{micro}}(t,x,v)]^{\frac{1}{\alpha}} \lesssim \epsilon_1(t)^{-\frac{\alpha-4}{2(\alpha-2)}}.$$

根据上述不等式和式 (8.38)，可得

$$D_x(t) \lesssim \epsilon_1(t)^{-\frac{\alpha-4}{2(\alpha-2)}}, \quad \phi_0(D_x(t)) \gtrsim \epsilon_1(t)^{\frac{\alpha-4}{2(\alpha-2)}\beta}. \tag{8.39}$$

第二步 通过选择合适的 $\epsilon_2(t)$，得到 $D_x(t)$ 的有界性. 根据式 (8.39) 选择

$$\epsilon_2(t) = C\epsilon_1(t)^{\frac{\alpha-4}{2(\alpha-2)}\beta} \leqslant \frac{1}{4}\phi_0(D_x(t)). \tag{8.40}$$

接着在 $\mathcal{L}_{\mathrm{micro}}(t,x,v)$ 中用 $\epsilon_2(t)$ 代替 $\epsilon_1(t)$，按照式 (8.35)、式 (8.36) 中的计算，并根据定理 8.1 和式 (8.38) 得到

$$\frac{\mathrm{d}}{\mathrm{d}t}\mathcal{L}_{\mathrm{micro}}(t,x,v)$$

$$\leqslant -C\epsilon_2(t)E_{\mathrm{micro}}(t,x,v) + C[1+D_x(t)]^{\alpha-1}E(t)^{\frac{1}{2}} + C\epsilon_2(t)^{\frac{2\alpha}{\alpha-2}}$$

$$\leqslant -C\epsilon_2(t)(1+\mathcal{L}_{\mathrm{micro}}(t,x,v)) + C\epsilon_2(t) + C\left[1+\mathcal{L}_{\mathrm{micro}}(t)\right]^{\frac{\alpha-1}{\alpha}}\epsilon_1(t)^{\frac{\alpha}{2(\alpha-2)}},$$

因此，代入式 (8.40)，有

$$\frac{\mathrm{d}}{\mathrm{d}t}[1+\mathcal{L}_{\mathrm{micro}}(t,x,v)]^{\frac{1}{\alpha}}$$

$$\leqslant -C\epsilon_2(t)[1+\mathcal{L}_{\mathrm{micro}}(t,x,v)]^{\frac{1}{\alpha}} + C\epsilon_2(t) + C\epsilon_1(t)^{\frac{\alpha}{2(\alpha-2)}}$$

$$\leqslant -C\epsilon_2(t)[1+\mathcal{L}_{\mathrm{micro}}(t,x,v)]^{\frac{1}{\alpha}} + C\epsilon_2(t),$$

根据 Duhamel 原理，即可证得 $\mathcal{L}_{\mathrm{micro}}(t)$ 的有界性. 再次使用式 (8.38)，$D_x(t)$ 有界性得证. $\square$

8.3.3 强一致的定理证明

定理 8.2 设 $U \in C^2(\mathbb{R}^+)$ 满足条件 (8.2), 并且设 $\phi \in C_b^1(\mathbb{R}^+)$ 满足条件 (8.3). 那么对任意的初值 $f_0 \in C_c^1(\mathbb{R}^{2d}) \cap \mathcal{P}(\mathbb{R}^{2d})$, 模型 (8.1) 存在唯一的经典解 $f \in C^1(\mathbb{R}^+; C_c^1(\mathbb{R}^{2d}))$. 此外, 如果 $\beta \leqslant 1$, 它的解将达到强一致并有

$$\begin{cases} \sup_{(x,v),(y,w) \in \mathrm{supp} f(t)} |v - w| \lesssim (1+t)^{-\left(\frac{\alpha^2}{8(\alpha-1)(\alpha-2)}\right)^-}, \\ \sup_{(x,v),(y,w) \in \mathrm{supp} f(t)} |x - y| \lesssim (1+t)^{-\left(\frac{\alpha}{4(\alpha-1)(\alpha-2)}\right)^-}. \end{cases} \quad (8.41)$$

证明 令 $\epsilon_3(t) = C\epsilon_1(t)^{\frac{\alpha}{4(\alpha-1)}}$. 由 $\mathcal{L}_{\mathrm{micro}}(t,x,v)$ 中所给定的 $\epsilon_3(t)$, 最终可以根据式 (8.35)、式 (8.36) 中的计算以及 $D_x(t)$ 的有界性得到

$$\frac{\mathrm{d}}{\mathrm{d}t} \mathcal{L}_{\mathrm{micro}}(t,x,v)$$
$$\leqslant -C\epsilon_3(t) E_{\mathrm{micro}}(t,x,v) + C[1+D_x(t)]^{\alpha-1} E(t)^{\frac{1}{2}} + C\epsilon_3(t)^{\frac{2\alpha}{\alpha-2}}$$
$$\leqslant -C\epsilon_3(t) \mathcal{L}_{\mathrm{micro}}(t,x,v) + C\epsilon_3(t)^{\frac{\alpha}{\alpha-2}+1} + CE(t)^{\frac{1}{2}},$$

选择 $\epsilon_3(t)$ 和 $E(t) \lesssim \epsilon_1(t)^{\frac{\alpha}{\alpha-2}}$, 可以从上述不等式中得到

$$\frac{\mathrm{d}}{\mathrm{d}t} \mathcal{L}_{\mathrm{micro}}(t,x,v) \leqslant -C\epsilon_3(t) \mathcal{L}_{\mathrm{micro}}(t,x,v) + C\epsilon_3(t)^{\frac{\alpha}{\alpha-2}+1}.$$

进而计算出

$$\mathcal{L}_{\mathrm{micro}}(t,x,v) \lesssim \epsilon_3(t)^{\frac{\alpha}{\alpha-2}} \lesssim \epsilon_1(t)^{\frac{\alpha^2}{4(\alpha-1)(\alpha-2)}}.$$

根据上述不等式和式 (8.21), 有

$$\begin{cases} \sup_{(x,v) \in \mathrm{supp} f(t)} |v| \lesssim (1+t)^{-\left(\frac{\alpha^2}{8(\alpha-1)(\alpha-2)}\right)^-}, \\ \sup_{(x,v) \in \mathrm{supp} f(t)} |x| \lesssim (1+t)^{-\left(\frac{\alpha}{4(\alpha-1)(\alpha-2)}\right)^-}, \end{cases}$$

即式 (8.41) 成立. 证毕. □

附注 8.1 设 $U \in C^2(\mathbb{R}^+)$ 满足条件 (8.2), 并且设 $\phi \in C_b^1(\mathbb{R}^+)$ 满足条件 (8.3). 假设 (ρ, u) 是如下 Euler 模型

$$\begin{cases} \partial_t \rho + \mathrm{div}_x(\rho u) = 0, \\ \partial_t u + u \cdot \nabla_x u = \int_{\mathbb{R}^d} (u(t,y) - u(t,x)) \phi(|x-y|) \rho(t,y) \mathrm{d}y - \nabla U * \rho \end{cases} \quad (8.42)$$

的解, 并被 ρ_0 限制. 如果 $\beta \leqslant 1$, 它的解将达到强一致并有

$$\begin{cases} \sup\limits_{x,y \in \mathrm{supp}\rho(t)} |u(t,x) - u(t,y)| \lesssim (1+t)^{-\left(\frac{\alpha^2}{8(\alpha-1)(\alpha-2)}\right)^{-}}, \\ \sup\limits_{x,y \in \mathrm{supp}\rho(t)} |x-y| \lesssim (1+t)^{-\left(\frac{\alpha}{4(\alpha-1)(\alpha-2)}\right)^{-}}. \end{cases}$$

显而易见, 定理 8.2 的证明方法对于模型 (8.42) 同样适用. 例如, 若 Lyapunov 泛函定义为

$$\mathfrak{L}(t) := \mathfrak{E}(t) + \epsilon(t)\left(2\int x \cdot u(t,x)\rho(t,x)\mathrm{d}x + \iint \Phi(|x-y|)\rho(t,x)\rho(t,y)\mathrm{d}x\mathrm{d}y\right),$$

其中 $\mathfrak{E}(t)$ 为能量, 即 $\mathfrak{E}(t) = \int |u(t,x)|^2\rho(t,x)\mathrm{d}x + \iint U(|x-y|)\rho(t,x)\rho(t,y)\mathrm{d}x\mathrm{d}y$. 重复上述计算并适当轻微变化, 同样也可以证明附注 8.1, 所以在此省略详细证明.

相应地, 上述动理学模型可以看作以下离散模型的平均场极限:

$$\begin{cases} \dot{x}_i = v_i, \\ \dot{v}_i = -\dfrac{1}{N}\sum\limits_{j \neq i}\phi(|x_i - x_j|)(v_i - v_j) - \dfrac{1}{N}\sum\limits_{j \neq i}\nabla U(|x_i - x_j|). \end{cases} \tag{8.43}$$

定理 8.1 的证明方法同样可以适用于证明离散模型 (8.43) 收敛于弱一致, 在此只给出如下定理, 不再详细证明.

定理 8.3 设 $\{(x_i, v_i)\}_{i=1}^{N}$ 是模型 (8.43) 的解. 假设 $\alpha \geqslant 4$ 及 $\beta \leqslant 1$, 那么

$$\epsilon_1(t) \leqslant \frac{1}{4}\phi_0(D_x(t)), \quad E(t) \lesssim \epsilon_1(t)^{\frac{\alpha}{\alpha-2}}.$$

因此, (x_i, v_i) 收敛于弱一致.

定理 8.4 设 $U \in C^2(\mathbb{R}^+)$ 满足条件 (8.2), 并且设 $\phi \in C_b^1(\mathbb{R}^+)$ 满足条件 (8.3). 那么对任意的初值 (x_0, v_0), 模型 (8.43) 存在唯一的经典解 $\{(x_i, v_i)\}_{i=1}^{N}$. 此外, 如果 $\beta \leqslant 1$, 它的解将达到强一致并有

$$\begin{cases} \sup\limits_{1 \leqslant i \neq j \leqslant N} |v_i - v_j| \lesssim (1+t)^{-\left(\frac{\alpha^2}{8(\alpha-1)(\alpha-2)}\right)^{-}}, \\ \sup\limits_{1 \leqslant i \neq j \leqslant N} |x_i - x_j| \lesssim (1+t)^{-\left(\frac{\alpha}{4(\alpha-1)(\alpha-2)}\right)^{-}}. \end{cases} \tag{8.44}$$

第 8 章 具有高次幂律势的 Cucker-Smale 模型

证明 先定义 Lyapunov 泛函如下：

$$\mathcal{L}(t) := \mathcal{E}(t) + \epsilon(t)\left(\frac{2}{N}\sum_{i=1}^{N} x_i \cdot v_i + \frac{1}{N^2}\sum_{i=1}^{N}\sum_{j=1}^{N} U(|x_i - x_j|)\right), \tag{8.45}$$

关于 Lyapunov 泛函的估计与 8.2 节中类似，再对定理 8.2 的证明方法做适当轻微变化，即可证得上述定理. □

第 9 章

具有拟二次势的 Cucker-Smale 模型

前两章建立了具有幂律势的 C-S 模型的一致性及其收敛速度. 如果将吸引力当成控制信号, 那么在位置控制部分需要考虑通信函数. 因此, 本章研究更为复杂的拟二次势 C-S 模型. 9.1 节给出模型的介绍以及模型的基本性质, 9.2 节构造新的 Lyapunov 泛函并对其进行估计, 9.3 节通过对空间直径和 Lyapunov 泛函及其导数的估计证明模型解的弱一致和强一致.

9.1 模型介绍及基本性质

本节主要研究具有拟二次势的 C-S 模型, 在最原始的 C-S 模型的基础上增加拟二次势, 则模型设置如下:

$$\begin{cases} \dot{x}_i = v_i, \\ \dot{v}_i = -\dfrac{1}{N} \sum_{j \neq i} \phi(|x_i - x_j|)[v_i - v_j + \lambda(x_i - x_j)]. \end{cases} \tag{9.1}$$

假设初值为

$$(x_i, v_i)(0) = (x_{i0}, v_{i0}), \qquad i = 1, 2, \cdots, N.$$

考虑到它和原始的 C-S 群集模型的内在联系, 将其称为 C-S 一致模型. 在更一般的设置中, 由于速度通信函数和位置通信函数不一致, 因此考虑如下模型:

$$\begin{cases} \dot{x}_i = v_i, \\ \dot{v}_i = -\dfrac{1}{N} \sum_{j \neq i} [\phi_1(|x_i - x_j|)(v_i - v_j) + \phi_2(|x_i - x_j|)(x_i - x_j)], \end{cases} \tag{9.2}$$

其中 ϕ_1, ϕ_2 分别为速度通信函数和位置通信函数. 值得注意的是, 在 C-S 群集模型的模式形成中, 也考虑了类似的结构. 例如, 在文献 [14] 中, 有

$$u_i = -\phi_2(|x_i - x_{i-1} - z_{i-1}|)(x_i - x_{i-1} - z_{i-1}) - \phi_2(|x_i - x_{i+1} - z_i|)(x_i - x_{i+1} - z_i)$$

和

$$u_i = -\frac{1}{N}\sum_{j \neq i}\phi_2(|x_i - x_j - (p_i - p_j)|)(x_i - x_j - (p_i - p_j)),$$

但是上述文献中只证明了收敛性, 并没有得到系统的收敛速度. 本节将证明如果经典的通信权值不可积, 那么对任何初值, 解都达到一致. 此外, 收敛速度与 N 无关. 为方便计算, 将上述模型改写为

$$\begin{cases} \dot{x}_i = v_i, \\ \dot{v}_i = -\dfrac{1}{N}\sum_{j \neq i}\phi_1(|x_i - x_j|)(v_i - v_j) - \dfrac{1}{N}\sum_{j \neq i}\nabla_{x_i}\Phi_2(|x_i - x_j|), \end{cases} \quad (9.3)$$

其中

$$\Phi_k(r) = \int_0^r \phi_k(s)s\,ds, \quad k = 1, 2. \quad (9.4)$$

为方便后续书写, 将空间直径记作 $D(t)$, 即

$$D(t) := \sup_{1 \leqslant i \neq j \leqslant N}|x_i(t) - x_j(t)|.$$

下面介绍模型 (9.2) 的一些基本性质. 根据动量守恒, 有

$$\frac{\mathrm{d}}{\mathrm{d}t}\left(\frac{1}{N}\sum_{i=1}^N v_i\right) = 0. \quad (9.5)$$

而 C-S 模型是 Galilean 不变的, 一般地, 假设

$$\frac{1}{N}\sum_{i=1}^N x_{i0} = \frac{1}{N}\sum_{i=1}^N v_{i0} = 0. \quad (9.6)$$

那么根据式 (9.5) 和上述假设, 可以得到

$$\frac{1}{N}\sum_{i=1}^N v_i(t) = \frac{1}{N}\sum_{i=1}^N x_i(t) = 0. \quad (9.7)$$

下面给出能量的定义.

定义 9.1

$$\mathcal{E}(t) := \frac{1}{N} \sum_{i=1}^{N} |v_i|^2 + \frac{1}{N^2} \sum_{i=1}^{N} \sum_{j=1}^{N} \varPhi_2(|x_i - x_j|).$$

为了方便后续书写，将动能 $\frac{1}{N} \sum_{i=1}^{N} |v_i|^2$ 和势能 $\frac{1}{N^2} \sum_{i=1}^{N} \sum_{j=1}^{N} \varPhi_2(|x_i - x_j|)$ 分别简记为 $\mathcal{E}_k(t)$ 和 $\mathcal{E}_p(t)$. 通过简单计算，即可得到能量衰减：

$$\frac{\mathrm{d}}{\mathrm{d}t}\mathcal{E}(t) = -\frac{1}{N^2} \sum_{i=1}^{N} \sum_{j=1}^{N} \phi_1(|x_i - x_j|)|v_i - v_j|^2. \tag{9.8}$$

9.2 Lyapunov 泛函

式 (9.8) 可以证明最原始的 C-S 模型的群集行为并可以推导出它的收敛速度，但是对于带有势能的 C-S 一致模型 (9.2)，并不能得到它的收敛速度. 受前两章启发，构造如下形式的 Lyapunov 泛函.

定义 9.2 设 $\{(x_i, v_i)\}_{i=1}^{N}$ 是模型 (9.2) 的解，则 Lyapunov 泛函被定义为

$$\mathcal{L}(t) := \mathcal{E}(t) + \epsilon(t) \left(\frac{2}{N} \sum_{i=1}^{N} x_i \cdot v_i + \frac{1}{N^2} \sum_{i=1}^{N} \sum_{j=1}^{N} \varPhi_1(|x_i - x_j|) \right), \tag{9.9}$$

其中 $\epsilon(t) \leqslant \frac{\psi(D(t))}{4}$ 是一个正的递减函数.

式 (9.9) 中新加的 $\frac{1}{N^2} \sum_{i=1}^{N} \sum_{j=1}^{N} \varPhi_1(|x_i - x_j|)$ 项，可以确保对任何的幂律势（实际上是任意的吸引势），$\mathcal{L}(t)$ 是正的. 同时，它简便了关于 $\mathcal{L}'(t)$ 的计算.

为了更好地对 Lyapunov 泛函进行估计，首先需建立 $\mathcal{L}(t)$ 和 $\mathcal{E}(t)$ 之间的联系. 假设

$$\phi_1, \phi_2 \geqslant \psi. \tag{9.10}$$

其中，ψ 是一个正的且非增的函数. 为了简便，假设 $\phi_1, \phi_2 \leqslant 1$.

引理 9.1 设 $\{(x_i, v_i)\}_{i=1}^{N}$ 是模型 (9.2) 的解，且 $\{(x_{i0}, v_{i0})\}_{i=1}^{N}$ 满足条件 (9.6). 若 $\phi_1, \phi_2 \leqslant 1$ 满足条件 (9.10). 则

$$\frac{1}{2}\mathcal{E}(t) + \frac{2\epsilon(t)^2}{N} \sum_{i=1}^{N} |x_i|^2 \leqslant \mathcal{L}(t) \leqslant \frac{3}{2}\mathcal{E}(t). \tag{9.11}$$

证明 根据式 (9.4) 中 Φ_k 的定义，$\phi_k \geqslant \psi$ 且 ψ 递减，当 $k = 1, 2$ 时，可以得到

$$\Phi_k(r) = \int_0^r \phi_k(s)s\mathrm{d}s \geqslant \int_0^r \psi(s)s\mathrm{d}s \geqslant \frac{1}{2}\psi(r)r^2, \quad r \geqslant 0. \tag{9.12}$$

由式 (9.12) 和 $D(t)$ 的定义，并根据式 (9.7)，可以得到

$$\frac{1}{N^2}\sum_{i=1}^N\sum_{j=1}^N \Phi_k(|x_i - x_j|) \geqslant \frac{1}{2N^2}\sum_{i=1}^N\sum_{j=1}^N \psi(|x_i - x_j|)|x_i - x_j|^2$$

$$\geqslant \frac{1}{2N^2}\sum_{i=1}^N\sum_{j=1}^N \psi(D(t))|x_i - x_j|^2$$

$$= \frac{\psi(D(t))}{N}\sum_{i=1}^N |x_i|^2. \tag{9.13}$$

同样，由于 $\phi_k \leqslant 1$，有 $\Phi_k(r) \leqslant \frac{1}{2}r^2$，因此

$$\frac{1}{N^2}\sum_{i=1}^N\sum_{j=1}^N \Phi_k(|x_i - x_j|) \leqslant \frac{1}{N}\sum_{i=1}^N |x_i|^2. \tag{9.14}$$

根据 Young 不等式，有

$$\frac{2\epsilon(t)}{N}\left|\sum_{i=1}^N x_i \cdot v_i\right| \leqslant \frac{1}{2N}\sum_{i=1}^N |v_i|^2 + \frac{2\epsilon(t)^2}{N}\sum_{i=1}^N |x_i|^2$$

$$= \frac{1}{2}\mathcal{E}_k(t) + \frac{2\epsilon(t)^2}{N}\sum_{i=1}^N |x_i|^2. \tag{9.15}$$

因此，将式 (9.13) 和式 (9.15) 合并，得到

$$\epsilon(t)\left[\frac{2}{N}\sum_{i=1}^N x_i \cdot v_i + \frac{1}{N^2}\sum_{i=1}^N\sum_{j=1}^N \Phi_1(|x_i - x_j|)\right]$$

$$\geqslant -\frac{1}{2}\mathcal{E}_k(t) + \frac{\epsilon(t)[\psi(D(t)) - 2\epsilon(t)]}{N}\sum_{i=1}^N |x_i|^2$$

$$\geqslant -\frac{1}{2}\mathcal{E}_k(t) + \frac{2\epsilon(t)^2}{N}\sum_{i=1}^N |x_i|^2,$$

其中 $\epsilon(t) \leqslant \dfrac{\psi(D(t))}{4}$. 根据式 (9.9) 中关于 $\mathcal{L}(t)$ 的定义, 结合上述不等式可以得到

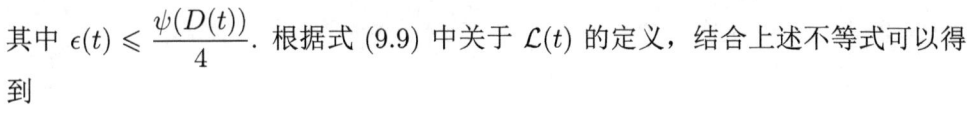

$$\mathcal{L}(t) \geqslant \frac{1}{2}\mathcal{E}(t) + \frac{2\epsilon(t)^2}{N}\sum_{i=1}^{N}|x_i|^2.$$

结合式 (9.14) 和式 (9.15), 由于 $\epsilon(t) \leqslant \dfrac{1}{4}\psi(D(t)) \leqslant \dfrac{1}{4}$, 便可以得到 $\mathcal{L}(t)$ 的上界

$$\begin{aligned}\mathcal{L}(t) &\leqslant \mathcal{E}(t) + \frac{1}{2}\mathcal{E}_k(t) + \frac{2\epsilon^2(t)}{N}\sum_{i=1}^{N}|x_i|^2 + \frac{\epsilon(t)}{N}\sum_{i=1}^{N}|x_i|^2 \\ &\leqslant \mathcal{E}(t) + \frac{1}{2}\mathcal{E}_k(t) + \frac{3\psi(D(t))}{8N}\sum_{i=1}^{N}|x_i|^2. \end{aligned} \tag{9.16}$$

最后, 通过将式 (9.13) 和式 (9.16) 结合, 根据 $\mathcal{E}_p(t)$ 的定义得到 $\mathcal{L}(t) \leqslant \dfrac{3}{2}\mathcal{E}(t)$. □

其次, 计算 $\mathcal{L}(t)$ 的导数并给出一些初步估计.

引理 9.2 设 $\{(x_i, v_i)\}_{i=1}^{N}$ 是模型 (9.2) 的解且 $\{(x_{i0}, v_{i0})\}_{i=1}^{N}$ 满足条件 (9.6). 若 $\phi_1, \phi_2 \leqslant 1$ 满足条件 (9.10), 则

$$\frac{\mathrm{d}}{\mathrm{d}t}\mathcal{L}(t) \leqslant -\psi(D(t))\mathcal{E}_k(t) - \epsilon(t)\left(\frac{1}{N^2}\sum_{i=1}^{N}\sum_{j=1}^{N}|x_i - x_j|^2\psi(|x_i - x_j|)\right) + R(t), \tag{9.17}$$

其中

$$R(t) = 2\left|\frac{\epsilon'(t)}{\psi(D(t))}\right|^2 \mathcal{E}_p(t). \tag{9.18}$$

证明 根据式 (9.8) 以及 $\phi_1 \geqslant \psi$, 且 ψ 是递减的, 代入 $|x_i - x_j| \leqslant D(t)$, 有

$$\begin{aligned}\frac{\mathrm{d}}{\mathrm{d}t}\mathcal{E}(t) &\leqslant -\frac{1}{N^2}\sum_{i=1}^{N}\sum_{j=1}^{N}\psi(|x_i - x_j|)|v_i - v_j|^2 \\ &\leqslant -\frac{2}{N}\sum_{i=1}^{N}\psi(D(t))|v_i|^2 = -2\psi(D(t))\mathcal{E}_k(t), \end{aligned} \tag{9.19}$$

接着根据模型 (9.2) 和 $\varPhi_1$ 的定义, 可以得到

$$\frac{\mathrm{d}}{\mathrm{d}t}\left[\frac{2}{N}\sum_{i=1}^{N} x_i \cdot v_i + \frac{1}{N^2}\sum_{i=1}^{N}\sum_{j=1}^{N}\varPhi_1(|x_i - x_j|)\right]$$

$$= \frac{2}{N}\sum_{i=1}^{N}|v_i|^2+$$

$$\frac{2}{N}\sum_{i=1}^{N}x_i \cdot \left\{-\frac{1}{N}\sum_{j\neq i}\left[\phi_1(|x_i-x_j|)(v_i-v_j)+\phi_2(|x_i-x_j|)(x_i-x_j)\right]\right\}+$$

$$\frac{1}{N^2}\sum_{i=1}^{N}\sum_{j=1}^{N}\phi_1(|x_i-x_j|)(v_i-v_j)\cdot(x_i-x_j)$$

$$=2\mathcal{E}_k(t)-\frac{1}{N^2}\sum_{i=1}^{N}\sum_{j=1}^{N}|x_i-x_j|^2\phi_2(|x_i-x_j|). \tag{9.20}$$

结合式 (9.19) 和式 (9.20)，由于 $\epsilon(t)\leqslant \frac{1}{4}\psi(D(t))$，$\phi_2\geqslant \psi$，可以得到

$$\frac{\mathrm{d}}{\mathrm{d}t}\mathcal{L}(t)\leqslant -[2\psi(D(t))-2\epsilon(t)]\mathcal{E}_k(t)-\epsilon(t)\left(\frac{1}{N^2}\sum_{i=1}^{N}\sum_{j=1}^{N}|x_i-x_j|^2\phi_2(|x_i-x_j|)\right)+$$

$$\epsilon'(t)\left(\frac{2}{N}\sum_{i=1}^{N}x_i\cdot v_i+\frac{1}{N^2}\sum_{i=1}^{N}\sum_{j=1}^{N}\Phi_1(|x_i-x_j|)\right)$$

$$\leqslant -\frac{3}{2}\psi(D(t))\mathcal{E}_k(t)-\epsilon(t)\left(\frac{1}{N^2}\sum_{i=1}^{N}\sum_{j=1}^{N}|x_i-x_j|^2\psi(|x_i-x_j|)\right)+$$

$$\epsilon'(t)\left(\frac{2}{N}\sum_{i=1}^{N}x_i\cdot v_i+\frac{1}{N^2}\sum_{i=1}^{N}\sum_{j=1}^{N}\Phi_1(|x_i-x_j|)\right), \tag{9.21}$$

接下来对式 (9.21) 右边的最后一项做出估计. 由 $\epsilon(t)$ 的递减性，根据 Young 不等式，代入式 (9.13) 有

$$\epsilon'(t)\left(\frac{2}{N}\sum_{i=1}^{N}x_i\cdot v_i+\frac{1}{N^2}\sum_{i=1}^{N}\sum_{j=1}^{N}\Phi_1(|x_i-x_j|)\right)$$

$$\leqslant \epsilon'(t)\left(\frac{2}{N}\sum_{i=1}^{N}x_i\cdot v_i\right)$$

$$\leqslant \frac{1}{2}\psi(D(t))\mathcal{E}_k(t)+\frac{2|\epsilon'(t)|^2}{\psi(D(t))}\frac{1}{N}\sum_{i=1}^{N}|x_i|^2$$

$$=\frac{1}{2}\psi(D(t))\mathcal{E}_k(t)+2\left|\frac{\epsilon'(t)}{\psi(D(t))}\right|^2\mathcal{E}_p(t). \tag{9.22}$$

结合式 (9.21) 和式 (9.22)，引理得证。 □

如果可以证明 $D(t)$ 的有界性，那么根据上述两个引理就可以得到系统解的弱一致.

命题 9.1 设 $\{(x_i, v_i)\}_{i=1}^N$ 是模型 (9.2) 的解，并且 $\{(x_{i0}, v_{i0})\}_{i=1}^N$ 满足条件 (9.6)。设 $\phi_1, \phi_2 \leqslant 1$ 满足条件 (9.10)。如果 $D(t)$ 在 $[0, \infty)$ 上有界，则 $\{(x_i, v_i)\}_{i=1}^N$ 达到弱一致且

$$\frac{1}{N}\left(\sum_{i=1}^N |v_i|^2 + \sum_{i=1}^N |x_i|^2\right) \leqslant C e^{-Ct} \tag{9.23}$$

其中 $C > 0$ 依赖于 $\sup\limits_{t \geqslant 0} D(t)$。

证明 由于 $D(t)$ 有界，所以选择 $\epsilon(t) \equiv \dfrac{\psi(D)}{4}$，其中 $D = \sup\limits_{t \geqslant 0} D(t)$。则 $R(t) = 0$。从式 (9.17) 和 ψ 的递减性以及式 (9.14)，可以得到

$$\frac{\mathrm{d}}{\mathrm{d}t}\mathcal{L}(t) \leqslant -\psi(D)\mathcal{E}_k(t) - \frac{1}{4}\psi^2(D)\left(\frac{1}{N^2}\sum_{i=1}^N\sum_{j=1}^N |x_i - x_j|^2\right)$$

$$\leqslant -\psi(D)\mathcal{E}_k(t) - \frac{1}{2}\psi^2(D)\left(\frac{1}{N^2}\sum_{i=1}^N\sum_{j=1}^N \Phi_2(|x_i - x_j|)\right)$$

$$\leqslant -C\mathcal{E}(t), \tag{9.24}$$

将式 (9.11) 与式 (9.24) 结合，得到 $\mathcal{L}(t)$ 指数收敛于 0。再次使用式 (9.11)，命题得证。 □

9.3 一致性

本节将研究模型 (9.2) 解的弱一致性和强一致性。基于命题 9.1 的推断，$D(t)$ 的估计至关重要。在本节中，通信函数 ϕ 设置如下：

$$1 \geqslant \phi_1(r), \phi_2(r) \geqslant \frac{c}{(1+r^2)^{\frac{\beta}{2}}}, \quad \beta \geqslant 0, \tag{9.25}$$

并进一步假设

$$1 \geqslant \phi_1(r) \geqslant \frac{c}{(1+r^2)^{\frac{\beta}{2}}}, \quad \phi_2(r) = \frac{1}{(1+r^2)^{\frac{\beta}{2}}}, \quad \beta \geqslant 0. \tag{9.26}$$

为了方便后续计算，在本节中，假定

$$\psi(r) = c(1+r^2)^{-\frac{\beta}{2}}.$$

9.3.1 空间直径的估计

定义 9.3 设 $\{(x_i, v_i)\}_{i=1}^N$ 是模型 (9.2) 的解,将粒子能量定义为

$$\mathcal{E}_i(t) := \frac{1}{2}|v_i|^2 + \frac{1}{N}\sum_{j\neq i}\Phi_2(|x_i - x_j|).$$

为简便起见,记

$$\mathcal{E}_{\max}(t) := \sup_{1\leqslant i \leqslant N}\mathcal{E}_i(t).$$

首先,空间直径可以被粒子能量所控制.

引理 9.3 设 $\{(x_i, v_i)\}_{i=1}^N$ 是模型 (9.2) 的解且 $\{(x_{i0}, v_{i0})\}_{i=1}^N$ 满足条件 (9.6). 若 ϕ_2 满足条件 (9.25). 则

$$D(t) \leqslant C\left(\mathcal{E}_{\max}(t) + 1\right)^{\frac{1}{2-\beta}}, \quad \beta \in [0, 2).$$

证明 根据定义 9.3、式 (9.12) 以及 ψ 递减,可以得到

$$\begin{aligned}\mathcal{E}_i(t) &\geqslant \frac{1}{2}|v_i|^2 + \frac{1}{2N}\sum_{j\neq i}|x_i - x_j|^2\psi(|x_i - x_j|)\\ &\geqslant \frac{1}{2}|v_i|^2 + \frac{1}{2N}\sum_{j\neq i}|x_i - x_j|^2\psi(D(t))\\ &\geqslant \frac{1}{2}|v_i|^2 + \frac{1}{2}|x_i|^2\psi(D(t)).\end{aligned} \tag{9.27}$$

由于

$$|x_i|^2 = \left|x_i - \frac{1}{N}\sum_{j=1}^N x_j\right|^2 \leqslant \frac{1}{N}\sum_{i=1}^N |x_i - x_j|^2,$$

且 $D(t) \leqslant 2\sup_{1\leqslant i \leqslant N}|x_i|$. 那么从式 (9.27) 和条件 (9.25) 中,若 $2 > \beta$,可以得到

$$2\mathcal{E}_{\max}(t) \geqslant \sup_{1\leqslant i \leqslant N}|x_i|^2\psi(D(t)) \geqslant \frac{1}{4}D(t)^2\psi(D(t)) \geqslant C\frac{D(t)^2}{[1 + D(t)]^\beta}. \tag{9.28}$$

则上述引理得证. □

接下来通过计算粒子能量,可以得到 $D(t)$ 的估计.

引理 9.4 设 $\{(x_i, v_i)\}_{i=1}^N$ 是模型 (9.2) 的解且 $\{(x_{i0}, v_{i0})\}_{i=1}^N$ 满足条件 (9.6). 如果 ϕ_1, ϕ_2 满足条件 (9.25), 则

$$D(t) \leqslant \mathscr{D}(t) := C\left(1 + \int_0^t \mathcal{E}_k^{\frac{1}{2}}(s)\mathrm{d}s\right)^{\frac{1}{1-\beta}}, \quad \beta \in [0, 1). \tag{9.29}$$

如果 ϕ_1, ϕ_2 满足条件 (9.26), 则

$$D(t) \leqslant \mathscr{D}(t) := \begin{cases} C\left(1 + \int_0^t \mathcal{E}^{\frac{2-\beta}{2}}(s)\mathrm{d}s\right)^{\frac{2}{4-3\beta+\beta^2}}, & \beta \in [0, 1]; \\ C\left(1 + \int_0^t \mathcal{E}^{\frac{1}{2}}(s)\mathrm{d}s\right)^{\frac{1}{2-\beta}}, & \beta \in (1, 2). \end{cases} \tag{9.30}$$

证明 首先, 从模型 (9.3) 可以得到

$$\frac{\mathrm{d}}{\mathrm{d}t}\mathcal{E}_i(t) = v_i \cdot \dot{v}_i + \frac{1}{N}\sum_{j \neq i} \nabla_{x_i}\Phi_2(|x_i - x_j|) \cdot (v_i - v_j)$$

$$= \frac{1}{N}\sum_{j \neq i} \phi_1(|x_i - x_j|)(v_i \cdot v_j - |v_i|^2) - \frac{1}{N}\sum_{j \neq i} \nabla_{x_i}\Phi_2(|x_i - x_j|) \cdot v_j$$

$$\leqslant \frac{1}{2N}\sum_{j \neq i} \phi_1(|x_i - x_j|)|v_j|^2 - \frac{1}{N}\sum_{j \neq i} \nabla_{x_i}\Phi_2(|x_i - x_j|) \cdot v_j. \tag{9.31}$$

根据 Φ_2 的定义, 由式 (9.31) 可以得出

$$\frac{\mathrm{d}}{\mathrm{d}t}\mathcal{E}_i(t) \leqslant \frac{1}{2}\mathcal{E}_k(t) + \frac{1}{N}\sum_{j \neq i} \phi_2(|x_i - x_j|)|x_i - x_j||v_j|. \tag{9.32}$$

如果 ϕ_1, ϕ_2 满足条件 (9.25), 那么代入 Hölder 不等式和 $|x_i - x_j| \leqslant D(t)$, 有

$$\frac{\mathrm{d}}{\mathrm{d}t}\mathcal{E}_i(t) \leqslant \frac{1}{2}\mathcal{E}_k(t) + D(t)\mathcal{E}_k^{\frac{1}{2}}(t) \leqslant C[1 + D(t)]\mathcal{E}_k^{\frac{1}{2}}(t).$$

从引理 9.3 和 $\mathcal{E}_{\max}(t)$ 可得

$$\frac{\mathrm{d}}{\mathrm{d}t}\mathcal{E}_{\max}(t) \leqslant C[1 + \mathcal{E}_{\max}(t)]^{\frac{1}{2-\beta}} \mathcal{E}_k^{\frac{1}{2}}(t),$$

从而可以得到

$$\mathcal{E}_{\max}(t) \leqslant C\left(1 + \int_0^t \mathcal{E}_k^{\frac{1}{2}}(s)\mathrm{d}s\right)^{\frac{2-\beta}{1-\beta}}.$$

再次使用引理 9.3，可以得到式 (9.29).

如果 ϕ_1, ϕ_2 满足条件 (9.26) 且 $\beta \in (1,2)$，那么 $\phi_2(r)r \leqslant 1$. 根据式 (9.32)，有

$$\frac{\mathrm{d}}{\mathrm{d}t}\mathcal{E}_i(t) \leqslant \frac{1}{2}\mathcal{E}_k(t) + \mathcal{E}_k^{\frac{1}{2}}(t) \leqslant C\mathcal{E}_k^{\frac{1}{2}}(t).$$

那么从上述不等式和引理 9.3 可以推导出

$$D(t) \leqslant C\left(1 + \int_0^t \mathcal{E}^{\frac{1}{2}}(s)\mathrm{d}s\right)^{\frac{1}{2-\beta}}. \tag{9.33}$$

最后，考虑 ϕ_1, ϕ_2 满足条件 (9.26) 且 $\beta \in [0,1]$. 由于 ϕ_2 是光滑的，因此在式 (9.31) 中有另一种方法估计 $\frac{1}{N}\sum_{j \neq i} \nabla_{x_i}\Phi_2(|x_i - x_j|) \cdot v_j$. 根据式 (9.7)，有

$$\frac{\mathrm{d}}{\mathrm{d}t}\mathcal{E}_i(t) \leqslant \frac{1}{2N}\sum_{j \neq i}\phi_1(|x_i - x_j|)|v_j|^2 - \frac{1}{N}\sum_{j \neq i}\nabla_{x_i}\Phi_2(|x_i - x_j|) \cdot v_j$$

$$\leqslant \frac{1}{2}\mathcal{E}_k(t) - \frac{1}{N}\sum_{j=1}^{N}\left(\nabla_{x_i}\Phi_2(|x_i - x_j|) - \nabla_{x_i}\Phi_2(|x_i|)\right) \cdot v_j -$$

$$\frac{1}{N}\sum_{j=1}^{N}\nabla_{x_i}\Phi_2(|x_i|) \cdot v_j$$

$$= \frac{1}{2}\mathcal{E}_k(t) - \frac{1}{N}\sum_{j=1}^{N}\left(\nabla_{x_i}\Phi_2(|x_i - x_j|) - \nabla_{x_i}\Phi_2(|x_i|)\right) \cdot v_j. \tag{9.34}$$

那么，

$$-\left(\nabla_{x_i}\Phi_2(|x_i - x_j|) - \nabla_{x_i}\Phi_2(|x_i|)\right) \cdot v_j \leqslant C|x_j|^{1-\beta}|v_j|. \tag{9.35}$$

如果 $|x_i| \leqslant 2|x_j|$，则 $|x_i - x_j| \leqslant 3|x_j|$. 随后根据式 (9.26) 和 Φ_2 的定义可以得到式 (9.35). 因此接下来只需要考虑 $|x_i| > 2|x_j|$ 的情况.

设 $f(s) = -\nabla_{x_i}\Phi_2(|x_i - sx_j|) \cdot v_j$. 那么存在 $\theta \in (0,1)$ 使得

$$-\left(\nabla_{x_i}\Phi_2(|x_i - x_j|) - \nabla_{x_i}\Phi_2(|x_i|)\right) \cdot v_j = f(1) - f(0) = f'(\theta).$$

通过计算，可以得到

$$f'(\theta) = \frac{\mathrm{d}}{\mathrm{d}\theta}\left[-\Phi_2'(|x_i - \theta x_j|)\frac{(x_i - \theta x_j) \cdot v_j}{|x_i - \theta x_j|}\right]$$

$$= \Phi_2''(|x_i - \theta x_j|) \frac{(x_i - \theta x_j) \cdot x_j}{|x_i - \theta x_j|} \frac{(x_i - \theta x_j) \cdot v_j}{|x_i - \theta x_j|} -$$

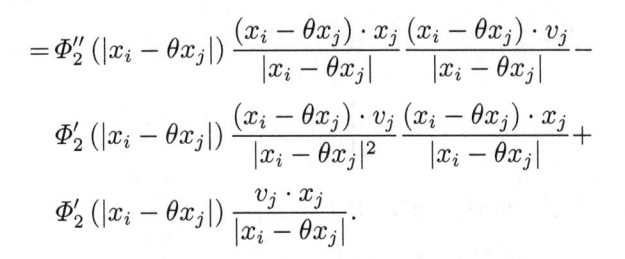

$$\Phi_2'(|x_i - \theta x_j|) \frac{(x_i - \theta x_j) \cdot v_j}{|x_i - \theta x_j|^2} \frac{(x_i - \theta x_j) \cdot x_j}{|x_i - \theta x_j|} +$$

$$\Phi_2'(|x_i - \theta x_j|) \frac{v_j \cdot x_j}{|x_i - \theta x_j|}.$$

因此，从上述两个等式和式 (9.34) 可以得到

$$- \left[\nabla_{x_i} \Phi_2(|x_i - x_j|) - \nabla_{x_i} \Phi_2(|x_i|) \right] \cdot v_j$$

$$\leqslant \left(|\Phi_2''(|x_i - \theta x_j|)| + \frac{2|\Phi_2'(|x_i - \theta x_j|)|}{|x_i - \theta x_j|} \right) |v_j||x_j|$$

$$\leqslant C \left[|\phi_2'(|x_i - \theta x_j|)| |x_i - \theta x_j| + \phi_2(|x_i - \theta x_j|) \right] |v_j||x_j|. \tag{9.36}$$

根据 $|x_i| > 2|x_j|$ 得到 $|x_i - \theta x_j| \geqslant |x_j|$. 因此可以从式 (9.36) 和条件 (9.26) 中得到式 (9.35).

接下来，结合式 (9.34) 和式 (9.35)，有

$$\frac{\mathrm{d}}{\mathrm{d}t} \mathcal{E}_i(t) \leqslant \frac{1}{2} \mathcal{E}_k(t) + \frac{C}{N} \sum_{j=1}^{N} |x_j|^{1-\beta} |v_j|.$$

根据 Hölder 不等式和式 (9.13) 得出

$$\frac{1}{N} \sum_{j=1}^{N} |v_j||x_j|^s \leqslant \left(\frac{1}{N} \sum_{j=1}^{N} |x_j|^2 \right)^{\frac{s}{2}} \left(\frac{1}{N} \sum_{j=1}^{N} |v_j|^{\frac{2}{2-s}} \right)^{\frac{2-s}{2}}$$

$$\leqslant \left(\frac{1}{N} \sum_{j=1}^{N} |x_j|^2 \right)^{\frac{s}{2}} \mathcal{E}_k(t)^{\frac{1}{2}}$$

$$\leqslant C \left[1 + D(t) \right]^{\frac{\beta s}{2}} \mathcal{E}_k(t)^{\frac{1}{2}} \mathcal{E}_p(t)^{\frac{s}{2}}, \quad s \in [0, 1]. \tag{9.37}$$

结合上述不等式以及式 (9.34)，可以得出

$$\frac{\mathrm{d}}{\mathrm{d}t} \mathcal{E}_i(t) \leqslant \frac{1}{2} \mathcal{E}_k(t) + CD^{\frac{\beta(1-\beta)}{2}}(t) \mathcal{E}_k(t)^{\frac{1}{2}} \mathcal{E}_p(t)^{\frac{1-\beta}{2}}$$

$$\leqslant C \left[1 + D(t) \right]^{\frac{\beta(1-\beta)}{2}} \mathcal{E}_k(t)^{\frac{1}{2}} \mathcal{E}(t)^{\frac{1-\beta}{2}}.$$

因此，通过式 (9.29) 的证明，可以推导出

$$D(t) \leqslant C \left(1 + \int_0^t \mathcal{E}_k(s)^{\frac{1}{2}} \mathcal{E}(s)^{\frac{1-\beta}{2}} \mathrm{d}s\right)^{\frac{2}{(2-\beta)^2+\beta}}. \tag{9.38}$$

结合式 (9.33) 和式 (9.38)，引理 9.4 得证. □

9.3.2 Lyapunov 泛函导数的估计

根据引理 9.4 建立对 $D(t)$ 的估计，令

$$\epsilon(t) = \frac{\varepsilon}{4}\psi(\mathscr{D}(t)).$$

可以根据接下来的两个假设给出 $\dfrac{\mathrm{d}}{\mathrm{d}t}\mathcal{L}(t)$ 的最终估计.

引理 9.5 设 $\{(x_i, v_i)\}_{i=1}^N$ 是模型 (9.2) 的解且 $\{(x_{i0}, v_{i0})\}_{i=1}^N$ 满足条件 (9.6). 如果 ϕ_1, ϕ_2 满足条件 (9.25). 则

$$\frac{\mathrm{d}}{\mathrm{d}t}\mathcal{L}(t) \leqslant -\frac{1}{2}\psi(\mathscr{D}(t))\mathcal{E}_k(t) - C\psi^2(\mathscr{D}(t))\mathcal{E}(t), \quad \beta \in [0, 2/3]. \tag{9.39}$$

如果 ϕ_1, ϕ_2 满足条件 (9.26)，则

$$\frac{\mathrm{d}}{\mathrm{d}t}\mathcal{L}(t) \leqslant -C\psi(\mathscr{D}(t))\mathcal{E}(t), \quad \beta \in [0, 1]. \tag{9.40}$$

证明 若 ϕ_1, ϕ_2 满足条件 (9.25)，则 $\dfrac{1}{2}\psi(r)r^2 \leqslant \Phi_2(r) \leqslant \dfrac{1}{2}r^2$. 因此，根据引理 9.2、$\psi$ 递减且 $D(t) \leqslant \mathscr{D}(t)$，有

$$\frac{\mathrm{d}}{\mathrm{d}t}\mathcal{L}(t) \leqslant -\psi(D(t))\mathcal{E}_k(t) - \epsilon(t)\left(\frac{1}{N^2}\sum_{i=1}^N\sum_{j=1}^N |x_i - x_j|^2 \psi(|x_i - x_j|)\right) + R(t)$$

$$\leqslant -\psi(\mathscr{D}(t))\mathcal{E}_k(t) - \frac{\varepsilon}{2}\psi^2(\mathscr{D}(t))\mathcal{E}_p(t) + R(t). \tag{9.41}$$

接下来给出 $R(t)$ 的估计. 由式 (9.29) 中 $\mathscr{D}(t)$ 定义，可以得到

$$\mathscr{D}'(t)\mathscr{D}(t)^{-\beta} = C\mathcal{E}_k^{\frac{1}{2}}(t). \tag{9.42}$$

由 $\epsilon(t) = \dfrac{\varepsilon}{4}\psi(\mathscr{D}(t))$，根据条件 (9.25)、$D(t) \leqslant \mathscr{D}(t)$ 和式 (9.42)，有

$$\left|\frac{\epsilon'(t)}{\psi(D(t))}\right| \leqslant \frac{\varepsilon}{4}\left|\frac{\psi'(\mathscr{D}(t))}{\psi(\mathscr{D}(t))}\right|\mathscr{D}'(t)$$

$$\leqslant C\varepsilon \frac{\mathscr{D}'(t)}{1+\mathscr{D}(t)} \leqslant C\varepsilon \frac{\mathcal{E}_k^{\frac{1}{2}}(t)}{\mathscr{D}(t)^{1-\beta}}.$$

因此，通过上述不等式，以及式 (9.18) 中关于 $R(t)$ 的定义，可以得到，当 $\beta \leqslant \frac{2}{3}$ 时，有

$$R(t) = 2\left|\frac{\epsilon'(t)}{\psi(D(t))}\right|^2 \mathcal{E}_p(t) \leqslant C\varepsilon^2 \frac{\mathcal{E}_k(t)}{\mathscr{D}(t)^{2-2\beta}}$$
$$\leqslant C\varepsilon^2 \frac{\psi(\mathscr{D}(t))\mathcal{E}_k(t)}{\mathscr{D}(t)^{2-3\beta}} \leqslant C\varepsilon^2 \psi(\mathscr{D}(t))\mathcal{E}_k(t). \tag{9.43}$$

最后，结合式 (9.41) 和式 (9.43)，只要 ε 足够小，可以得到式 (9.39).

若 ϕ_1, ϕ_2 满足条件 (9.26)，可以更进一步得到 $\Phi_2(r) \approx \psi(r)r^2$. 最终，从引理 9.2 得出

$$\frac{\mathrm{d}}{\mathrm{d}t}\mathcal{L}(t) \leqslant -\psi(\mathscr{D}(t))\mathcal{E}_k(t) - C\varepsilon\psi(\mathscr{D}(t))\mathcal{E}_p(t) + R(t). \tag{9.44}$$

根据式 (9.30)，有

$$\mathscr{D}(t)^{\frac{2-3\beta+\beta^2}{2}}\mathscr{D}'(t) = C\mathcal{E}(t)^{\frac{2-\beta}{2}}, \quad \beta \in [0,1] \tag{9.45}$$

和

$$\mathscr{D}(t)^{1-\beta}\mathscr{D}'(t) = C\mathcal{E}(t)^{\frac{1}{2}}, \quad \beta \in (1,2). \tag{9.46}$$

通过条件 (9.26) 和 $D(t) \leqslant \mathscr{D}(t)$，得到

$$\left|\frac{\epsilon'(t)}{\psi(D(t))}\right| \leqslant C\varepsilon\frac{\mathscr{D}'(t)}{1+\mathscr{D}(t)} = C\varepsilon\frac{\mathcal{E}(t)^{\frac{2-\beta}{2}}}{\mathscr{D}(t)^{\frac{4-3\beta+\beta^2}{2}}}. \tag{9.47}$$

那么根据式 (9.18) 和式 (9.47)，以及 $\mathcal{E}(t)$ 有界，有

$$R(t) = 2\left|\frac{\epsilon'(t)}{\psi(D(t))}\right|^2 \mathcal{E}_p(t)$$
$$\leqslant C\varepsilon^2 \frac{\psi(\mathscr{D}(t))}{\mathscr{D}^{4-4\beta+\beta^2}(t)}\mathcal{E}(t) \leqslant C\varepsilon^2 \psi(\mathscr{D}(t))\mathcal{E}(t). \qquad \square$$

9.3.3 弱一致性的证明

基于引理 9.5 以及引理 9.1，可以推导出解的弱一致性的证明.

定理 9.1 设 $\{(x_i,v_i)\}_{i=1}^N$ 是模型 (9.2) 的解且 $\{(x_{i0},v_{i0})\}_{i=1}^N$ 满足条件 (9.6). 假设 ϕ_1,ϕ_2 满足条件 (9.25), 如果 $\beta \leqslant 2/5$, 则对任意的初值, 式 (9.23) 成立. 假设 ϕ_1,ϕ_2 满足条件 (9.26), 如果 $\beta \leqslant 1$, 则对任意的初值, 式 (9.23) 成立. 即模型 (9.2) 的解达到弱一致.

证明 基于命题 9.1 和 $D(t) \leqslant \mathscr{D}(t)$, 仅需证明 $\mathscr{D}(t)$ 的有界性即可.

当 ϕ_1,ϕ_2 满足条件 (9.25), 且 $\beta \leqslant \dfrac{2}{5}$ 时, 根据式 (9.39) 和式 (9.42), 可以得到

$$\frac{\mathrm{d}}{\mathrm{d}t}\mathcal{L}(t) \leqslant -C\psi^{\frac{3}{2}}(\mathscr{D}(t))\mathcal{E}_k^{\frac{1}{2}}(t)\mathcal{E}^{\frac{1}{2}}(t)$$

$$\leqslant -C\psi^{\frac{3}{2}}(\mathscr{D}(t))\mathscr{D}(t)^{-\beta}\mathscr{D}'(t)\mathcal{E}^{\frac{1}{2}}(t)$$

$$\leqslant -C\psi^{\frac{3}{2}}(\mathscr{D}(t))\mathscr{D}(t)^{-\beta}\mathscr{D}'(t)\mathcal{L}^{\frac{1}{2}}(t),$$

因此, 通过上述不等式和条件 (9.25), 有

$$\frac{\mathrm{d}}{\mathrm{d}t}\sqrt{\mathcal{L}(t)} \leqslant -C\frac{\mathscr{D}'(t)}{\mathscr{D}(t)^{5\beta/2}},$$

这意味着

$$\sqrt{\mathcal{L}(t)} + C\int_{\mathscr{D}(0)}^{\mathscr{D}(t)} \frac{1}{r^{5\beta/2}}\mathrm{d}r \leqslant \sqrt{\mathcal{L}(0)}. \tag{9.48}$$

从式 (9.48) 可以得到 $\mathscr{D}(t)$ 是有界的.

当 ϕ_1,ϕ_2 满足条件 (9.26), 且 $2 > \beta$ 时, 结合式 (9.45) 和式 (9.40), 根据式 (9.11) 得到

$$\frac{\mathrm{d}}{\mathrm{d}t}\mathcal{L}(t) \leqslant -C\psi(\mathscr{D}(t))\mathcal{E}^{\frac{2-\beta}{2}}(t)\mathcal{E}^{\frac{\beta}{2}}(t)$$

$$\leqslant -C\mathscr{D}(t)^{\frac{2-3\beta+\beta^2}{2}}\psi(\mathscr{D}(t))\mathscr{D}'(t)\mathcal{L}^{\frac{\beta}{2}}(t), \tag{9.49}$$

因此, 通过式 (9.49) 有

$$\mathcal{L}^{\frac{2-\beta}{2}}(t) + C\int_{\mathscr{D}(0)}^{\mathscr{D}(t)} \psi(r)r^{\frac{2-3\beta+\beta^2}{2}}\mathrm{d}r \leqslant \mathcal{L}^{\frac{2-\beta}{2}}(0).$$

因此, 由 $\beta \leqslant 1$ 可以得到 $\mathscr{D}(t)$ 是有界的. 根据命题 9.1, 定理得证. □

附注 9.1 对任意初值, 当模型 (9.2) 的解达到一致时, 称为无条件一致. 相应地, 即使在 $\beta \geqslant 2/5$ [若 ϕ_1,ϕ_2 满足条件 (9.25)] 以及 $\beta \geqslant 1$ [若 ϕ_1,ϕ_2 满足条

件 (9.26)] 的条件下也会达到一致，但是对这种特定的初值，即

$$C\int_{\mathscr{D}(0)}^{\infty}\frac{1}{r^{5\beta/2}}\mathrm{d}r \geqslant \sqrt{\mathcal{L}(0)}, \quad \frac{2}{5} \leqslant \beta \leqslant \frac{2}{3},$$

以及

$$C\int_{\mathscr{D}(0)}^{\infty}\frac{1}{r^{2\beta-1}}\mathrm{d}r \geqslant \sqrt{\mathcal{L}(0)}, \quad 1 \leqslant \beta \leqslant \frac{4}{3},$$

称为有条件一致.

证明 当 ϕ_1, ϕ_2 满足条件 (9.25)，且 $\frac{2}{5} \leqslant \beta \leqslant \frac{2}{3}$ 时，如果初值满足

$$C\int_{\mathscr{D}(0)}^{\infty}\frac{1}{r^{5\beta/2}}\mathrm{d}r \geqslant \sqrt{\mathcal{L}(0)},$$

则根据式 (9.48)，$\mathscr{D}(t)$ 有界.

当 ϕ_1, ϕ_2 满足条件 (9.26)，且 $\beta \in (1,2)$ 时，由式 (9.26)、式 (9.46) 和 $D(t) \leqslant \mathscr{D}(t)$，可以得到

$$\left|\frac{\epsilon'(t)}{\psi(D(t))}\right| \leqslant C\varepsilon\frac{\mathscr{D}'(t)}{1+\mathscr{D}(t)} = C\varepsilon\frac{\mathcal{E}(t)^{\frac{1}{2}}}{\mathscr{D}(t)^{2-\beta}}.$$

随后通过式 (9.18) 和上述不等式，若 $\beta \leqslant \frac{4}{3}$，有

$$R(t) = 2\left|\frac{\epsilon'(t)}{\psi(D(t))}\right|^2 \mathcal{E}_p(t) \leqslant C\varepsilon^2\frac{\mathcal{E}(t)}{\mathscr{D}(t)^{4-2\beta}}$$

$$\leqslant C\varepsilon^2\frac{\psi(\mathscr{D}(t))\mathcal{E}(t)}{\mathscr{D}(t)^{4-3\beta}} \leqslant C\varepsilon^2\psi(\mathscr{D}(t))\mathcal{E}(t),$$

则

$$\frac{\mathrm{d}}{\mathrm{d}t}\mathcal{L}(t) \leqslant -C\psi(\mathscr{D}(t))\mathcal{E}(t), \quad \beta \in [1, 4/3]. \tag{9.50}$$

结合式 (9.46) 和式 (9.50)，可得

$$\frac{\mathrm{d}}{\mathrm{d}t}\mathcal{L}(t) \leqslant -C\psi(\mathscr{D}(t))\mathcal{E}^{\frac{1}{2}}(t)\mathcal{E}^{\frac{1}{2}}(t)$$

$$\leqslant -C\mathscr{D}(t)^{1-\beta}\psi(\mathscr{D}(t))\mathscr{D}'(t)\mathcal{L}^{\frac{1}{2}}(t),$$

那么可以得出

$$\sqrt{\mathcal{L}(t)} + C\int_{\mathscr{D}(0)}^{\mathscr{D}(t)}\frac{1}{r^{2\beta-1}}\mathrm{d}r \leqslant \sqrt{\mathcal{L}(0)}.$$

若初值满足

$$C\int_{\mathscr{D}(0)}^{\infty}\frac{1}{r^{2\beta-1}}\mathrm{d}r\geqslant\sqrt{\mathcal{L}(0)},$$

且 $1\leqslant\beta\leqslant\dfrac{4}{3}$，则 $\mathscr{D}(t)$ 有界. $\square$

9.3.4 强一致性的证明

本节将进一步证明 $\{(x_i,v_i)\}_{i=1}^{N}$ 达到强一致. 首先, 定义微观 Lyapunov 泛函:

$$\mathcal{L}_i(t) := \frac{1}{2}|v_i|^2 + \frac{1}{N}\sum_{j=1}^{N}\Phi_2(|x_i-x_j|) + \frac{\psi(D)}{8}\left(x_i\cdot v_i + \frac{1}{N}\sum_{j=1}^{N}\Phi_1(|x_i-x_j|)\right),$$

其中 $D = \sup\limits_{t\geqslant 0} D(t)$.

引理 9.6 设定理 9.1 的假设成立, 则

$$\frac{\mathrm{d}}{\mathrm{d}t}\mathcal{L}_i(t) \leqslant -C\mathcal{E}_i(t) + C\left(\frac{1}{N}\sum_{i=1}^{N}(|x_i|^2+|v_i|^2)\right).$$

证明 由模型 (9.3) 和 Φ_k 的定义, 有

$$\frac{\mathrm{d}}{\mathrm{d}t}\left(x_i\cdot v_i + \frac{1}{N}\sum_{j=1}^{N}\Phi_1(|x_i-x_j|)\right)$$

$$=|v_i|^2 + x_i\cdot\left\{-\frac{1}{N}\sum_{j\neq i}\left[\phi_1(|x_i-x_j|)(v_i-v_j) + \phi_2(|x_i-x_j|)(x_i-x_j)\right]\right\} +$$

$$\frac{1}{N}\sum_{j=1}^{N}\phi_1(|x_i-x_j|)(v_i-v_j)\cdot(x_i-x_j)$$

$$=|v_i|^2 - \frac{1}{N}\sum_{j=1}^{N}\phi_1(|x_i-x_j|)(v_i-v_j)\cdot x_j - \frac{1}{N}\sum_{j=1}^{N}|x_i-x_j|^2\phi_2(|x_i-x_j|) +$$

$$\frac{1}{N}\sum_{j=1}^{N}\phi_2(|x_i-x_j|)|x_i-x_j||x_j|,$$

代入 Young 不等式和空间直径的有界性, 得

$$\frac{\mathrm{d}}{\mathrm{d}t}\left(x_i\cdot v_i + \frac{1}{N}\sum_{j=1}^{N}\Phi_1(|x_i-x_j|)\right)$$

$$\leqslant |v_i|^2 + \frac{1}{N}\sum_{j=1}^{N}|v_i-v_j||x_j| - \frac{\psi(D)}{N}\sum_{j=1}^{N}|x_i-x_j|^2 + \frac{1}{N}\sum_{j=1}^{N}|x_i-x_j||x_j|$$

$$\leqslant 2|v_i|^2 + \frac{1}{N}\sum_{j=1}^{N}|v_j|^2 + \frac{C}{N}\sum_{j=1}^{N}|x_j|^2 - \frac{\psi(D)}{2N}\sum_{j=1}^{N}|x_i-x_j|^2. \tag{9.51}$$

另外，由式 (9.31) 和 Young 不等式，有

$$\frac{\mathrm{d}}{\mathrm{d}t}\left(\frac{1}{2}|v_i|^2 + \frac{1}{N}\sum_{j=1}^{N}\Phi_2(|x_i-x_j|)\right)$$

$$\leqslant \frac{1}{2N}\sum_{j=1}^{N}\phi_1(|x_i-x_j|)|v_j|^2 - \frac{1}{2N}\sum_{j=1}^{N}\phi_1(|x_i-x_j|)|v_i|^2 -$$

$$\frac{1}{N}\sum_{j=1}^{N}\Phi_2'(|x_i-x_j|)\frac{x_i-x_j}{|x_i-x_j|}\cdot v_j$$

$$\leqslant -\frac{\psi(D)}{2}|v_i|^2 + \frac{1}{2N}\sum_{j=1}^{N}|v_j|^2 + \frac{1}{N}\sum_{j=1}^{N}|x_i-x_j||v_j|$$

$$\leqslant -\frac{\psi(D)}{2}|v_i|^2 + \frac{C}{N}\sum_{j=1}^{N}|v_j|^2 + \frac{\psi^2(D)}{32N}\sum_{j=1}^{N}|x_i-x_j|^2. \tag{9.52}$$

结合式 (9.51) 和式 (9.52)，根据 $\Phi_2(r) \leqslant r^2/2$ 可以得到

$$\frac{\mathrm{d}}{\mathrm{d}t}\mathcal{L}_i(t)$$

$$\leqslant -\frac{\psi(D)}{4}|v_i|^2 - \frac{\psi^2(D)}{32N}\sum_{j=1}^{N}|x_i-x_j|^2 + \frac{C}{N}\sum_{i=1}^{N}\left(|x_i|^2+|v_i|^2\right)$$

$$\leqslant -\frac{\psi(D)}{4}|v_i|^2 - \frac{\psi^2(D)}{16N}\sum_{j=1}^{N}\Phi_2(|x_i-x_j|) + \frac{C}{N}\sum_{i=1}^{N}\left(|x_i|^2+|v_i|^2\right)$$

$$\leqslant -C\mathcal{E}_i(t) + \frac{C}{N}\sum_{i=1}^{N}\left(|x_i|^2+|v_i|^2\right), \tag{9.53}$$

其中常数 $C>0$ 且依赖于 $\psi(D)$. □

定理 9.2 设 $\{(x_i,v_i)\}_{i=1}^{N}$ 是模型 (9.2) 的解，假设 ϕ_1,ϕ_2 满足条件 (9.25)，如果 $\beta \leqslant 2/5$，则对任意的初值，解达到强一致. 此外，还存在一个独立于 N 的

正常数 C 使得
$$\sup_{1 \leqslant i \neq j \leqslant N} (|x_i - x_j|^2 + |v_i - v_j|^2) \leqslant Ce^{-Ct}.$$

假设 ϕ_1, ϕ_2 满足条件 (9.26)，如果 $\beta \leqslant 1$，则对任意的初值，解将以指数速率收敛于强一致.

证明 由引理 9.6 和式 (9.23) 可以得到
$$\frac{\mathrm{d}}{\mathrm{d}t}\mathcal{L}_i(t) \leqslant -C\mathcal{E}_i(t) + Ce^{-Ct},$$

类似于引理 9.1 的证明，$\mathcal{L}_i(t) \approx \mathcal{E}_i(t)$. 因此，
$$\frac{\mathrm{d}}{\mathrm{d}t}\mathcal{L}_i(t) \leqslant -C\mathcal{L}_i(t) + Ce^{-Ct},$$

从上述不等式可以得到 $\mathcal{L}_i(t)$，$\mathcal{E}_i(t)$ 指数收敛于 0. 因此，
$$\sup(|x_i|^2 + |v_i|^2) \leqslant Ce^{-Ct}. \qquad \square$$

类似地，可以证明动理学 C-S 模型解的一致性. 此证明留给读者完成.

$$\begin{cases} \partial_t f + v \cdot \nabla_x f + \mathrm{div}_v[(L[f] - \nabla \Phi_2 * \rho)f] = 0, \\ L[f](t,x,v) = -\displaystyle\int_{\mathbb{R}^{2d}} (v-w)\phi_1(|x-y|)f(t,y,w)\mathrm{d}y\mathrm{d}w, \\ \rho(t,x) = \displaystyle\int_{\mathbb{R}^d} f(t,x,v)\mathrm{d}v, \\ f(0,x,v) = f_0(x,v). \end{cases} \quad (9.54)$$

定理 9.3 设 Φ_2 满足条件 (9.4)，并且设 $\phi_k \in C_b^1(\mathbb{R}^+)$ 满足条件 (9.25). 那么对任意初值 $f_0 \in C_c^1(\mathbb{R}^{2d}) \cap \mathcal{P}(\mathbb{R}^{2d})$，如果 $\beta \leqslant 2/5$，则系统 (9.54) 的解达到弱一致. 假设 ϕ_1, ϕ_2 满足条件 (9.26)，如果 $\beta \leqslant 1$，则系统 (9.54) 的解达到弱一致.

定理 9.4 设 Φ_2 满足条件 (9.4)，并且设 $\phi_k \in C_b^1(\mathbb{R}^+)$ 满足条件 (9.25). 那么对任意初值 $f_0 \in C_c^1(\mathbb{R}^{2d}) \cap \mathcal{P}(\mathbb{R}^{2d})$，如果 $\beta \leqslant 2/5$，则系统 (9.54) 的解达到强一致. 此外，还存在一个独立于 N 的正常数 C 使得
$$\sup_{(x,v),(y,w)\in \mathrm{supp} f(t)} (|v-w|^2 + |x-y|^2) \leqslant Ce^{-Ct}.$$

假设 ϕ_1, ϕ_2 满足条件 (9.26)，如果 $\beta \leqslant 1$，则系统 (9.54) 的解将指数收敛到强一致.

第 10 章

具有幂律势与反应时滞的 Cucker-Smale 模型

本章研究具有幂律势与反应时滞的 C-S 模型的大时间行为. 10.1 节介绍模型具体的时滞,并给出能量波动的基本估计. 10.2 节引入 Lyapunov 泛函来说明空间直径的有界性. 在 10.3 节中,为了证明模型的一致性,分别在 $\alpha=2$ 和 $\alpha>2$ 的情况下建立了 Lyapunov 泛函的指数和多项式衰减.

10.1 模型介绍和能量波动

令 $\tau>0$ 为时滞,那么具有反应时滞的 C-S 模型可由如下动力系统来描述:

$$\begin{cases} \dfrac{\mathrm{d}x_i(t)}{\mathrm{d}t}=v_i(t),\\ \dfrac{\mathrm{d}v_i(t)}{\mathrm{d}t}=-\left[\dfrac{1}{N}\sum_{j\neq i}\phi(|x_i-x_j|)(v_i-v_j)+\dfrac{1}{N}\sum_{j\neq i}\nabla_{x_i}V(|x_i-x_j|)\right](t-\tau). \end{cases} \tag{10.1}$$

给定的初值如下:

$$(x_i(t),v_i(t))=(x_i^0(t),v_i^0(t)),\quad t\in[-\tau,0]. \tag{10.2}$$

其中 $x_i^0,v_i^0\in C([-\tau,0];\mathbb{R}^d)$.

首先,因为 (10.1) 第 2 个方程的右端作为 $(x_i,v_i)(t-\tau)$ 的函数是局部 Lipschitz 连续的,模型 (10.1), (10.2) 存在局部唯一经典解 $\{(x_i,v_i)\}_{i=1}^N$. 因为 $|x_i-x_j|$, $|v_i-v_j|$ 的有界性将被证明,所以该解实际上是全局的.

其次，系统的动量是守恒的：

$$\frac{\mathrm{d}}{\mathrm{d}t}\left(\sum_{i=1}^N v_i(t)\right) = 0, \quad t \geqslant 0. \tag{10.3}$$

将能量波动定义为

$$\mathscr{E}(t) = \frac{1}{2}\sum_{i,j=1}^N |v_i - v_j|^2 + \sum_{i,j=1}^N V(|\tilde{x}_i - \tilde{x}_j|), \tag{10.4}$$

其中 $\tilde{x}_i := x_i(t-\tau)$, $\tilde{v}_i := v_i(t-\tau)$. 为了表述方便，记 $\tilde{\phi}_{ji} := \phi(|\tilde{x}_j - \tilde{x}_i|)$，并且假设 $\phi \leqslant 1$. 由模型 (10.1) 和式 (10.3)，对 $\forall t \geqslant 0$，可以进行如下基本计算：

$$\frac{\mathrm{d}}{\mathrm{d}t}\mathscr{E}(t)$$

$$= \frac{\mathrm{d}}{\mathrm{d}t}\left(N\sum_{i=1}^N v_i^2 + \sum_{i,j=1}^N |\tilde{x}_i - \tilde{x}_j|^\alpha\right)$$

$$= -2N\sum_{i=1}^N v_i \dot{v}_i + \alpha\sum_{i,j=1}^N |\tilde{x}_i - \tilde{x}_j|^{\alpha-2}(\tilde{x}_i - \tilde{x}_j)(\tilde{v}_i - \tilde{v}_j)$$

$$= -\sum_{i,j=1}^N \tilde{\phi}_{ji}(\tilde{v}_i - \tilde{v}_j)(v_i - v_j)-$$

$$\alpha\sum_{i,j=1}^N |\tilde{x}_i - \tilde{x}_j|^{\alpha-2}(\tilde{x}_i - \tilde{x}_j)[(v_i - v_j) - (\tilde{v}_i - \tilde{v}_j)]$$

$$= -\sum_{i,j=1}^N \tilde{\phi}_{ji}(\tilde{v}_i - \tilde{v}_j)(v_i - v_j)+$$

$$2\alpha\sum_{i,j=1}^N |\tilde{x}_i - \tilde{x}_j|^{\alpha-2}(\tilde{x}_i - \tilde{x}_j)(\tilde{v}_i - v_i). \tag{10.5}$$

当 $\tau = 0$ 时，式 (10.5) 等价于 $\dfrac{\mathrm{d}}{\mathrm{d}t}\mathscr{E}(t) = -\sum_{i,j=1}^N \phi_{ji}|v_i - v_j|^2 \leqslant 0$，由此可以立即得到 $|x_i - x_j|$ 和 $|v_i - v_j|$ 的一致有界性. 然而，当考虑反应时滞时，能量的耗散性被破坏. 所以，需要给出 $\mathscr{E}'(t)$ 的完整估计.

引理 10.1 设 $\{(x_i, v_i)\}_{i=1}^N$ 为模型 (10.1), (10.2) 的全局经典解，对 $\forall t \geqslant \tau$，有

$$\frac{\mathrm{d}}{\mathrm{d}t}\mathscr{E}(t)$$
$$\leqslant -\frac{1}{4}\sum_{i,j=1}^{N}\tilde{\phi}_{ji}|\tilde{v}_j-\tilde{v}_i|^2 - \frac{1}{4}\sum_{i,j=1}^{N}\tilde{\phi}_{ji}|v_j-v_i|^2 + \tau\alpha^2\sum_{i,j=1}^{N}|\tilde{x}_i-\tilde{x}_j|^{2\alpha-2}+$$
$$(4\tau+2)\int_{t-\tau}^{t}\sum_{i,j=1}^{N}|\tilde{v}_j-\tilde{v}_i|^2\mathrm{d}s + (4\tau+2)\alpha^2\int_{t-\tau}^{t}\sum_{i,j=1}^{N}|\tilde{x}_i-\tilde{x}_j|^{2\alpha-2}\mathrm{d}s.$$

证明 由式 (10.5) 可得，对 $\forall t\geqslant 0$，有

$$\frac{\mathrm{d}}{\mathrm{d}t}\mathscr{E}(t)$$
$$\leqslant -\sum_{i,j=1}^{N}\tilde{\phi}_{ji}(\tilde{v}_j-\tilde{v}_i)(v_j-v_i) + 2\alpha\sum_{i,j=1}^{N}|\tilde{x}_i-\tilde{x}_j|^{\alpha-1}|\tilde{v}_i-v_i|$$
$$\leqslant -\sum_{i,j=1}^{N}\tilde{\phi}_{ji}|v_j-v_i|^2 - 2\sum_{i,j=1}^{N}\tilde{\phi}_{ji}(v_i-v_j)(\tilde{v}_i-v_i)+$$
$$2\alpha\sum_{i,j=1}^{N}|\tilde{x}_i-\tilde{x}_j|^{\alpha-1}|\tilde{v}_i-v_i|$$
$$\leqslant -\frac{1}{2}\sum_{i,j=1}^{N}\tilde{\phi}_{ji}|v_j-v_i|^2 + \left(2+\frac{1}{\tau}\right)\sum_{i,j=1}^{N}|\tilde{v}_i-v_i|^2+$$
$$\tau\alpha^2\sum_{i,j=1}^{N}|\tilde{x}_i-\tilde{x}_j|^{2\alpha-2},$$

其中最后一个不等号利用了 Young 不等式. 类似地，可以得到

$$\frac{\mathrm{d}}{\mathrm{d}t}\mathscr{E}(t)\leqslant -\frac{1}{2}\sum_{i,j=1}^{N}\tilde{\phi}_{ji}|\tilde{v}_j-\tilde{v}_i|^2 + \left(2+\frac{1}{\tau}\right)N\sum_{i=1}^{N}|\tilde{v}_i-v_i|^2+$$
$$\tau\alpha^2\sum_{i=1}^{N}|\tilde{x}_i-\tilde{x}_j|^{2\alpha-2}.$$

因此，结合上述两个不等式，可以得到

$$\frac{\mathrm{d}}{\mathrm{d}t}\mathscr{E}(t)\leqslant -\frac{1}{4}\sum_{i,j=1}^{N}\tilde{\phi}_{ji}|\tilde{v}_j-\tilde{v}_i|^2 - \frac{1}{4}\sum_{i,j=1}^{N}\tilde{\phi}_{ji}|v_j-v_i|^2+$$

$$\left(2+\frac{1}{\tau}\right) N \sum_{i=1}^{N} |\tilde{v}_i - v_i|^2 + \tau \alpha^2 \sum_{i=1}^{N} |\tilde{x}_i - \tilde{x}_j|^{2\alpha-2}. \tag{10.6}$$

根据模型 (10.1) 和 Cauchy 不等式，对 $\forall t \geqslant \tau$，有

$$\begin{aligned}
&|\tilde{v}_i - v_i|^2 \\
&= \left| \int_{t-\tau}^{t} -\frac{1}{N}\sum_{j\neq i} \tilde{\phi}_{ji}(\tilde{v}_i - \tilde{v}_j) - \frac{1}{N}\sum_{j\neq i} \nabla_{\tilde{x}_i} V(|\tilde{x}_i - \tilde{x}_j|) \mathrm{d}s \right|^2 \\
&\leqslant \frac{2\tau}{N} \int_{t-\tau}^{t} \sum_{j\neq i} |\tilde{v}_j - \tilde{v}_i|^2 \mathrm{d}s + \frac{2\tau\alpha^2}{N} \int_{t-\tau}^{t} \sum_{j\neq i} |\tilde{x}_i - \tilde{x}_j|^{2\alpha-2} \mathrm{d}s.
\end{aligned} \tag{10.7}$$

由式 (10.6) 和式 (10.7)，对 $\forall t \geqslant \tau$，有

$$\frac{\mathrm{d}}{\mathrm{d}t} \mathscr{E}(t)$$

$$\leqslant (4\tau+2) \int_{t-\tau}^{t} \sum_{i,j=1}^{N} |\tilde{v}_j - \tilde{v}_i|^2 \mathrm{d}s + (4\tau+2)\alpha^2 \int_{t-\tau}^{t} \sum_{i,j=1}^{N} |\tilde{x}_i - \tilde{x}_j|^{2\alpha-2} \mathrm{d}s -$$

$$\frac{1}{4} \sum_{i,j=1}^{N} \tilde{\phi}_{ji} |\tilde{v}_j - \tilde{v}_i|^2 - \frac{1}{4} \sum_{i,j=1}^{N} \tilde{\phi}_{ji} |v_j - v_i|^2 + \tau\alpha^2 \sum_{i,j=1}^{N} |\tilde{x}_i - \tilde{x}_j|^{2\alpha-2}.$$

从而完成了证明. $\square$

10.2 空间直径的有界性

为了得到速度和空间直径的有界性，需要处理引理 10.1 中的

$$\sum_{i,j=1}^{N} |\tilde{x}_i - \tilde{x}_j|^{2\alpha-2}.$$

沿用第 8、9 章的构造，定义下述包含能量波动的 Lyapunov 泛函：

$$\mathscr{L}(t) = \mathscr{E}(t) + \varepsilon \left[\sum_{i,j=1}^{N} (\tilde{x}_i - \tilde{x}_j)(v_i - v_j) + \sum_{i,j=1}^{N} \int_{0}^{|\tilde{x}_i - \tilde{x}_j|} r\phi(r) \mathrm{d}r \right]. \tag{10.8}$$

其中 ε 是一个待定参数，且 $\varepsilon \leqslant \dfrac{1}{4}$.

在下面的引理中，建立了 $\mathscr{L}(t)$ 和 $\mathscr{E}(t)$ 之间的关系. 为了叙述方便，定义速度差和空间直径如下：

$$\begin{cases} R_x(t) = \sup\limits_{s\in[0,t]} \max\limits_{1\leqslant i,j\leqslant N} |x_i(s) - x_j(s)|, \\ R_v(t) = \sup\limits_{s\in[0,t]} \max\limits_{1\leqslant i,j\leqslant N} |v_i(s) - v_j(s)|. \end{cases}$$

引理 10.2 设 $\{(x_i, v_i)\}_{i=1}^N$ 为模型 (10.1), (10.2) 的全局经典解，假定 $\tilde{R}_x(t_0) < \infty$. 若 $\varepsilon \leqslant \dfrac{\phi(\tilde{R}_x(t_0))}{4}$，则有

$$\mathscr{L}(t) \geqslant \frac{1}{4} \sum_{i,j=1}^N |v_i - v_j|^2 + \sum_{i,j=1}^N |\tilde{x}_i - \tilde{x}_j|^\alpha + 3\varepsilon^2 \sum_{i,j=1}^N |\tilde{x}_i - \tilde{x}_j|^2, \ t \in [0, t_0].$$

证明 一方面，由 Young 不等式可得

$$\varepsilon \sum_{i,j=1}^N (\tilde{x}_i - \tilde{x}_j)(v_i - v_j) \geqslant -\frac{1}{4} \sum_{i,j=1}^N |v_i - v_j|^2 - \varepsilon^2 \sum_{i,j=1}^N |\tilde{x}_i - \tilde{x}_j|^2.$$

另一方面，根据 ϕ 的递减性，有

$$\varepsilon \sum_{i,j=1}^N \int_0^{|\tilde{x}_i - \tilde{x}_j|} r\phi(r) \mathrm{d}r \geqslant \varepsilon\phi(\tilde{R}_x(t)) \sum_{i,j=1}^N |\tilde{x}_i - \tilde{x}_j|^2 \geqslant \varepsilon\phi(\tilde{R}_x(t_0)) \sum_{i,j=1}^N |\tilde{x}_i - \tilde{x}_j|^2.$$

结合上述两个不等式以及 $\mathscr{L}(t)$ 的定义，完成了证明. $\square$

类似地，可以容易得到下面的引理，在此省略证明.

引理 10.3 设 $\{(x_i, v_i)\}_{i=1}^N$ 为模型 (10.1), (10.2) 的全局经典解，则有

$$\mathscr{L}(t) \leqslant \frac{1+\varepsilon}{2} \sum_{i,j=1}^N |v_i - v_j|^2 + \sum_{i,j=1}^N |\tilde{x}_i - \tilde{x}_j|^\alpha + \varepsilon \sum_{i,j=1}^N |\tilde{x}_i - \tilde{x}_j|^2, \ t \geqslant 0.$$

下面计算 $\mathscr{L}'(t)$.

引理 10.4 设 $\{(x_i, v_i)\}_{i=1}^N$ 为模型 (10.1), (10.2) 的全局经典解，对 $\forall t \geqslant \tau$，有

$$\frac{\mathrm{d}}{\mathrm{d}t} \mathscr{L}(t)$$

$$\leqslant -\left(\frac{\phi\left(\tilde{R}_x(t)\right)}{4}-\frac{\varepsilon}{2}\right)\sum_{i,j=1}^{N}\left(|\tilde{v}_i-\tilde{v}_j|^2+|v_i-v_j|^2\right)-$$

$$\left(\alpha\varepsilon-\tau\alpha^2\tilde{R}_x(t)^{\alpha-2}\right)\sum_{i,j=1}^{N}|\tilde{x}_i-\tilde{x}_j|^{\alpha}+$$

$$(4\tau+2)\int_{t-\tau}^{t}\sum_{i,j=1}^{N}|\tilde{v}_i-\tilde{v}_j|^2\mathrm{d}s+(4\tau+2)\alpha^2\int_{t-\tau}^{t}\sum_{i,j=1}^{N}|\tilde{x}_i-\tilde{x}_j|^{2\alpha-2}\mathrm{d}s.$$

证明 由模型 (10.1) 和式 (10.3)，对 $\forall t\geqslant \tau$，有

$$\frac{\mathrm{d}}{\mathrm{d}t}\left(\sum_{i,j=1}^{N}(\tilde{x}_i-\tilde{x}_j)(v_i-v_j)+\sum_{i,j=1}^{N}\int_{0}^{|\tilde{x}_i-\tilde{x}_j|}r\phi(r)\mathrm{d}r\right)$$

$$=\frac{\mathrm{d}}{\mathrm{d}t}\left(2N\sum_{i=1}^{N}\tilde{x}_iv_i-2\sum_{i=1}^{N}\tilde{x}_i\sum_{i=1}^{N}v_i+\sum_{i,j=1}^{N}\int_{0}^{|\tilde{x}_i-\tilde{x}_j|}r\phi(r)\mathrm{d}r\right)$$

$$=2N\sum_{i=1}^{N}\tilde{v}_iv_i-2\sum_{i=1}^{N}\tilde{v}_i\sum_{i=1}^{N}v_i+2N\sum_{i=1}^{N}\tilde{x}_i\dot{v}_i+\sum_{i,j=1}^{N}\tilde{\phi}_{ji}(\tilde{x}_i-\tilde{x}_j)(\tilde{v}_i-\tilde{v}_j)$$

$$=\sum_{i,j=1}^{N}(\tilde{v}_i-\tilde{v}_j)(v_i-v_j)-\alpha\sum_{i,j=1}^{N}|\tilde{x}_i-\tilde{x}_j|^{\alpha}$$

$$\leqslant \frac{1}{2}\sum_{i,j=1}^{N}|\tilde{v}_i-\tilde{v}_j|^2+\frac{1}{2}\sum_{i,j=1}^{N}|v_i-v_j|^2-\alpha\sum_{i,j=1}^{N}|\tilde{x}_i-\tilde{x}_j|^{\alpha}. \tag{10.9}$$

结合引理 10.1 和式 (10.9)，可以得到

$$\frac{\mathrm{d}}{\mathrm{d}t}\mathscr{L}(t)$$

$$\leqslant -\frac{1}{4}\sum_{i,j=1}^{N}\tilde{\phi}_{ji}|\tilde{v}_j-\tilde{v}_i|^2-\frac{1}{4}\sum_{i,j=1}^{N}\tilde{\phi}_{ji}|v_j-v_i|^2+\tau\alpha^2\sum_{i,j=1}^{N}|\tilde{x}_i-\tilde{x}_j|^{2\alpha-2}+$$

$$(4\tau+2)\int_{t-\tau}^{t}\sum_{i,j=1}^{N}|\tilde{v}_j-\tilde{v}_i|^2\mathrm{d}s+(4\tau+2)\alpha^2\int_{t-\tau}^{t}\sum_{i,j=1}^{N}|\tilde{x}_i-\tilde{x}_j|^{2\alpha-2}\mathrm{d}s+$$

$$\frac{\varepsilon}{2}\sum_{i,j=1}^{N}|\tilde{v}_i-\tilde{v}_j|^2+\frac{\varepsilon}{2}\sum_{i,j=1}^{N}|v_i-v_j|^2-\alpha\varepsilon\sum_{i,j=1}^{N}|\tilde{x}_i-\tilde{x}_j|^{\alpha}. \tag{10.10}$$

由 ϕ 的递减性和 $\tilde{R}_x(t)$ 的定义可知

$$\frac{\mathrm{d}}{\mathrm{d}t}\mathscr{L}(t)$$
$$\leqslant -\left(\frac{\phi(\tilde{R}_x(t))}{4}-\frac{\varepsilon}{2}\right)\sum_{i,j=1}^{N}\left(|\tilde{v}_i-\tilde{v}_j|^2+|v_i-v_j|^2\right)-$$
$$\left(\alpha\varepsilon-\tau\alpha^2\tilde{R}_x(t)^{\alpha-2}\right)\sum_{i,j=1}^{N}|\tilde{x}_i-\tilde{x}_j|^\alpha+$$
$$(4\tau+2)\int_{t-\tau}^{t}\sum_{i,j=1}^{N}|\tilde{v}_i-\tilde{v}_j|^2\mathrm{d}s+$$
$$(4\tau+2)\alpha^2\int_{t-\tau}^{t}\sum_{i,j=1}^{N}|\tilde{x}_i-\tilde{x}_j|^{2\alpha-2}\mathrm{d}s. \tag{10.11}$$

至此，引理得证. □

为了证明 $\mathscr{L}(t)$ 的有界性，要对引理 10.4 中不等式的两边积分.

引理 10.5 令 $\{(x_i,v_i)\}_{i=1}^{N}$ 是模型 (10.1)，(10.2) 的全局解，则存在依赖于初值的正常数 C_3，使得对 $\forall t\geqslant\tau$，有

$$\mathscr{L}(t)\leqslant C_3^\alpha-\left[\alpha\varepsilon-(4\tau+3)\tau\alpha^2\tilde{R}_x^{\alpha-2}(t)\right]\int_{\tau}^{t}\sum_{i,j=1}^{N}|\tilde{x}_i-\tilde{x}_j|^\alpha\mathrm{d}s-$$
$$\left[\frac{\phi(\tilde{R}_x(t))}{4}-\frac{\varepsilon}{2}-(4\tau+2)\tau\right]\int_{\tau}^{t}\left(\sum_{i,j\neq 1}^{N}|\tilde{v}_i-\tilde{v}_j|^2+\sum_{i,j=1}^{N}|v_i-v_j|^2\right)\mathrm{d}s. \tag{10.12}$$

证明 交换积分的顺序，对 $\forall t\geqslant\tau$，有

$$\int_{\tau}^{t}\int_{s-\tau}^{s}\sum_{i,j=1}^{N}|\tilde{x}_i-\tilde{x}_j|^{2\alpha-2}\mathrm{d}u\mathrm{d}s$$
$$=\int_{0}^{t}\left(\int_{\max\{u,\tau\}}^{\min\{t,u+\tau\}}\mathrm{d}s\right)\sum_{i,j=1}^{N}|\tilde{x}_i-\tilde{x}_j|^{2\alpha-2}\mathrm{d}u$$
$$\leqslant \tau\int_{0}^{t}\sum_{i,j=1}^{N}|\tilde{x}_i-\tilde{x}_j|^{2\alpha-2}\mathrm{d}u$$
$$\leqslant \tau\int_{0}^{\tau}\sum_{i,j=1}^{N}|\tilde{x}_i-\tilde{x}_j|^{2\alpha-2}\mathrm{d}u+\tau\tilde{R}_x(t)^{\alpha-2}\int_{\tau}^{t}\sum_{i,j=1}^{N}|\tilde{x}_i-\tilde{x}_j|^\alpha\mathrm{d}u. \tag{10.13}$$

再由引理 10.4 和式 (10.13) 中的计算, 可以得到

$$\mathscr{L}(t) \leqslant \mathscr{L}(\tau) + (4\tau+2)\tau \int_0^\tau \sum_{i,j=1}^N |\tilde{v}_i - \tilde{v}_j|^2 \mathrm{d}s +$$

$$(4\tau+2)\tau\alpha^2 \int_0^\tau \sum_{i,j=1}^N |\tilde{x}_i - \tilde{x}_j|^{2\alpha-2} \mathrm{d}s -$$

$$\left[\alpha\varepsilon - (4\tau+3)\tau\alpha^2 \tilde{R}_x(t)^{\alpha-2}\right] \int_\tau^t \sum_{i,j=1}^N |\tilde{x}_i - \tilde{x}_j|^\alpha \mathrm{d}s -$$

$$\left[\frac{\phi\left(\tilde{R}_x(t)\right)}{4} - \frac{\varepsilon}{2} - (4\tau+2)\tau\right] \int_\tau^t \sum_{i,j\neq 1}^N |\tilde{v}_i - \tilde{v}_j|^2 \mathrm{d}s -$$

$$\left(\frac{\phi(\tilde{R}_x(t))}{4} - \frac{\varepsilon}{2}\right) \int_\tau^t \sum_{i,j=1}^N |v_i - v_j|^2 \mathrm{d}s. \tag{10.14}$$

注意 $\tilde{x}_i, \tilde{v}_i$ 均在 $[0,\tau]$ 上给出, 故

$$(4\tau+2)\tau \int_0^\tau \sum_{i,j=1}^N |\tilde{v}_i - \tilde{v}_j|^2 \mathrm{d}s + (4\tau+2)\tau\alpha^2 \int_0^\tau \sum_{i,j=1}^N |\tilde{x}_i - \tilde{x}_j|^{2\alpha-2} \mathrm{d}s \leqslant C_1,$$

其中 $C_1 > 0$ 仅取决于初始值 (如果假设 $\tau \leqslant 1$). 接下来考虑 $\mathscr{L}(\tau)$. 由式 (10.1) 可以知道在 $[0,\tau]$ 上 $\dot{v}_i$ 已经被给定, 故可以很容易计算出 $v_i(\tau)$. 再由 $\mathscr{L}(\tau)$ 的定义可知, 存在一个只依赖于初值的正常数 C_2, 使得 $\mathscr{L}(\tau) \leqslant C_2$. 令 $C_3 = \max\{(C_1+C_2)^{1/\alpha}, R_x(0)\}$, 于是完成了证明. □

为了方便, 进一步要求 $C_3 > R_x(0)$. 现在可以给出 $\mathscr{L}(t)$ 中 ε 的精确值:

$$\varepsilon = \frac{1}{4}\phi(C_3). \tag{10.15}$$

通过上述准备, 可以证明速度差和空间直径的有界性.

定理 10.1 令 $\{(x_i, v_i)\}_{i=1}^N$ 是模型 (10.1), (10.2) 的一个全局经典解, 如果 τ 足够小, 满足

$$\begin{cases} \dfrac{\phi(C_3)}{8} - (4\tau+2)\tau \geqslant 0, \\ \dfrac{\phi(C_3)}{8} - (4\tau+3)\tau\alpha C_3^{\alpha-2} \geqslant 0, \end{cases} \tag{10.16}$$

第 10 章 具有幂律势与反应时滞的 Cucker-Smale 模型

则对 $\forall t \geqslant 0$, 有

$$\begin{cases} R_x(t) \leqslant C_3, \\ R_v(t) \leqslant 2(C_3)^{\alpha/2}. \end{cases} \tag{10.17}$$

证明 由于 $\tilde{R}_x(\tau) = R_x(0) < C_3$, 并且根据 $R_x(t)$ 的连续性, 存在一个区间, 使得 $\tilde{R}_x(t) < C_3$ 在其中成立. 随后, 定义

$$t_0 = \sup\left\{s \geqslant \tau; \tilde{R}_x(s) < C_3, \ s \in [\tau, t)\right\}. \tag{10.18}$$

现在证明 $t_0 = \infty$. 若 t_0 有界, 则对 $\forall t \in [\tau, t_0)$, 有 $\tilde{R}_x(t_0) = C_3$ 和 $\tilde{R}_x(t) < C_3$ 成立. 再由 ϕ 的递减性以及式 (10.16) 可知, 对 $\forall t \in [\tau, t_0]$, 有

$$\begin{cases} \dfrac{\phi\left(\tilde{R}_x(t)\right)}{4} - \dfrac{\phi(C_3)}{8} - (4\tau + 2)\tau \geqslant 0, \\ \dfrac{\phi(C_3)}{8} - (4\tau + 3)\tau\alpha\tilde{R}_x(t)^{\alpha-2} \geqslant 0. \end{cases} \tag{10.19}$$

结合式 (10.19) 和引理 10.5, 可以得到 $\mathscr{L}(t) \leqslant C_3^\alpha$. 然后根据 $\varepsilon = \phi(C_3)/4 = \phi(\tilde{R}_x(t_0))/4$, 利用引理 10.2 可以得到, 对 $\forall t \in [\tau, t_0]$, 有

$$C_3^\alpha \geqslant \frac{1}{4}\sum_{i,j=1}^N |v_i - v_j|^2 + \sum_{i,j=1}^N |\tilde{x}_i - \tilde{x}_j|^\alpha + 3(\phi(C_3)/4)^2 \sum_{i,j=1}^N |\tilde{x}_i - \tilde{x}_j|^2.$$

因此, 对 $\forall i \neq j$, 有

$$\begin{cases} |\tilde{x}_i - \tilde{x}_j| < C_3, \ t \in [\tau, t_0]; \\ |v_i - v_j| \leqslant 2(C_3)^{\alpha/2}, \ t \in [\tau, t_0]. \end{cases} \tag{10.20}$$

这与 $\tilde{R}_x(t_0) = C_3$ 矛盾, 故 $t_0 = \infty$, 并且可以得到想要的估计. □

附注 10.1 结合上述定理和引理 10.3, 可以得到

$$\mathscr{L}(t) \leqslant C\left(\sum_{i,j=1}^N |v_i - v_j|^2 + \sum_{i,j=1}^N |\tilde{x}_i - \tilde{x}_j|^\alpha\right)^{\min\{2/\alpha,1\}} \leqslant C\mathscr{E}(t)^{\min\{2/\alpha,1\}},$$

其中 $C > 0$ 且依赖于初值.

附注 10.2 由于时滞的存在, Lyapunov 泛函 $\mathscr{L}(t)$ 不能处理 $\alpha < 2$ 的情况.

10.3 高阶幂律势下的一致性

在 10.2 节中，利用 Lyapunov 泛函 $\mathscr{L}(t)$ 推导出速度差和空间直径的有界性. 更重要的是，这个泛函也是证明模型 (10.1), (10.2) 一致性的关键. 实际上，我们致力于证明 Lyapunov 泛函的衰减性，在引理 10.4 中 $\mathscr{L}'(t)$ 的估计被充分利用. 在此之前，对于 $s \in [t-\tau, t]$，需要下面的引理来建立 $\mathscr{E}(t)$ 和 $\mathscr{E}(s)$ 之间的关系.

引理 10.6 假设 $v \geqslant 0$，且

$$v'(t) \geqslant -a \sup_{s \in [t-\tau, t]} v(s),$$

其中 $a > 0$. 令 $v(0) \neq 0$ 且 $k_0 = \sup_{s \in [-\tau, 0]} v(s)/v(0)$. 若 $\tau > 0$ 满足 $\mathrm{e}^{2ak_0\tau} \leqslant 2$，则对 $\forall t \geqslant 0$，有

$$v(s) \leqslant k_0 \mathrm{e}^{2ak_0(t-s)} v(t), \quad -\tau \leqslant s < t.$$

这个引理及其证明与文献 [24] 中的引理 2.2 仅略微有些不同，因此此处省略了证明.

引理 10.7 令 $\{(x_i, v_i)\}_{i=1}^N$ 为模型 (10.1) 的全局经典解. 存在依赖于初值的常数 $\tau_0 > 0$，使得当 $\tau \leqslant \tau_0$ 时，有

$$\frac{\mathrm{d}}{\mathrm{d}t}\mathscr{L}(t) \leqslant -\frac{1}{16}\phi(C_3)\mathscr{E}(t), \quad t \geqslant \tau.$$

证明 结合式 (10.17) 和引理 10.4，可以得到

$$\frac{\mathrm{d}}{\mathrm{d}t}\mathscr{L}(t)$$
$$\leqslant -\frac{1}{8}\phi(C_3)\sum_{i,j=1}^N |v_i - v_j|^2 - \left(\frac{\alpha}{4}\phi(C_3) - \tau\alpha^2 C_3^{\alpha-2}\right)\sum_{i,j=1}^N |\tilde{x}_i - \tilde{x}_j|^\alpha +$$
$$(4\tau + 2)\int_{t-\tau}^t \sum_{i,j=1}^N |\tilde{v}_i - \tilde{v}_j|^2 \mathrm{d}s + (4\tau + 2)\alpha^2 C_3^{\alpha-2}\int_{t-\tau}^t \sum_{i,j=1}^N |\tilde{x}_i - \tilde{x}_j|^\alpha \mathrm{d}s.$$

因此，当 τ 满足式 (10.16) 时，有

$$\frac{\mathrm{d}}{\mathrm{d}t}\mathscr{L}(t) \leqslant -\frac{1}{8}\phi(C_3)\mathscr{E}(t) + 3\left(\alpha^2 C_3^{\alpha-2} + 1\right)\int_{t-\tau}^t (\tilde{\mathscr{E}}(s) + \mathscr{E}(s))\mathrm{d}s. \quad (10.21)$$

注意，有以下关系成立：

$$\frac{\mathrm{d}}{\mathrm{d}t}\mathscr{E}(t) = \frac{\mathrm{d}}{\mathrm{d}t}\left(N\sum_{i=1}^{N} v_i^2 + \sum_{i,j=1}^{N} |\tilde{x}_i - \tilde{x}_j|^2\right)$$

$$= -\sum_{i,j=1}^{N} \tilde{\phi}_{ji}(\tilde{v}_i - \tilde{v}_j)(v_i - v_j) - 2\sum_{i,j=1}^{N}(\tilde{x}_i - \tilde{x}_j)(v_i - v_j) +$$

$$2\sum_{i,j=1}^{N}(\tilde{x}_i - \tilde{x}_j)(\tilde{v}_i - \tilde{v}_j)$$

$$\geqslant -3\mathscr{E}(t) - 3\tilde{\mathscr{E}}(t) \geqslant -6\max_{s\in[t-\tau,t]}\mathscr{E}(s). \tag{10.22}$$

根据引理 10.6 和式 (10.22)，当 τ 充分小时，存在依赖于初值的正常数 C，使得

$$\mathscr{E}(s) + \tilde{\mathscr{E}}(s) \leqslant C\mathscr{E}(t), \quad s \in [t-\tau, t].$$

结合上述不等式和式 (10.21)，可以得到 $\frac{\mathrm{d}}{\mathrm{d}t}\mathscr{L}(t) \leqslant -\frac{1}{8}\phi(C_3)\mathscr{E}(t) + C\tau\mathscr{E}(t)$，从而得到结论. □

最后，可以建立模型 (10.1), (10.2) 的一致性行为.

定理 10.2 令 $V(r) = r^\alpha, \alpha \geqslant 2$. 假设 ϕ 为光滑和严格正的函数，则存在依赖于初始值的 $\tau_0 > 0$，使得当 $\tau \leqslant \tau_0$ 时，模型 (10.1), (10.2) 的全局经典解 $\{(x_i, v_i)\}_{i=1}^N$ 达到一致性. 此外，对 $\forall t \geqslant 0$ 和 $\forall i \neq j$，有

$$\sum_{i,j=1}^{N}\left(|v_i - v_j|^2 + |x_i - x_j|^2\right) \leqslant \begin{cases} C\exp\{-Ct\}, & \alpha = 2; \\ C(t+1)^{-\frac{2}{\alpha-2}}, & \alpha > 2. \end{cases}$$

其中的常数 C 仅依赖于初值和 α.

证明 结合引理 10.7 和附注 10.1，有

$$\frac{\mathrm{d}}{\mathrm{d}t}\mathscr{L}(t) \leqslant -C\mathscr{L}(t)^{\max\{\alpha/2,1\}}, \quad t \geqslant \tau.$$

然后，

$$\mathscr{L}(t) \leqslant \begin{cases} \mathscr{L}(\tau)\exp\{-Ct\}, & \alpha = 2; \\ C(t+1)^{-\frac{2}{\alpha-2}}, & \alpha > 2. \end{cases}$$

利用上述不等式和引理 10.2，完成了证明. □

第 11 章

具有非线性速度耦合和幂律势的 Cucker-Smale 模型

本章研究具有非线性速度耦合和吸引势的 C-S 模型. 当吸引势为任意幂律函数时, 证明了无论初始条件如何, 该模型都不仅表现出群集行为, 而且达到一致性. 更重要的是, 通过构造两个精细的 Lyapunov 泛函, 得到了不同类型的非线性速度耦合和幂律势的精确收敛率 (包括多项式收敛、指数收敛、有限时间一致性和与 N 无关的一致性).

11.1 节给出了该模型的基本性质. 11.2 节证明了对于任意正则幂律势, 该模型以多项式或指数速率达到一致性. 11.3 节进一步研究了有限时间一致性. 在 11.4 节中, 当 ϕ 的取值范围较小时, 对于某些 α, γ, 收敛速度与 N 无关. 11.5 节给出了二个仿真例子.

11.1 基本性质

令 Γ 表示智能体 j 和智能体 i 之间的非线性速度耦合, 可参考文献 [22]. 当吸引势 $V \geqslant 0$ 且满足 $V' \geqslant 0$ 和 $\lim\limits_{r \to \infty} V(r) = \infty$ 时, 具有非线性速度耦合的 C-S 模型可由下面的动力系统描述:

$$\begin{cases} \dot{x}_i = v_i, \\ \dot{v}_i = -\dfrac{1}{N} \sum\limits_{j \neq i} \phi(|x_i - x_j|) \Gamma(v_i - v_j) - \dfrac{1}{N} \sum\limits_{j \neq i} \nabla_{x_i} V(|x_i - x_j|). \end{cases} \quad (11.1)$$

初值为

$$(x_i(0), v_i(0)) = (x_{i0}, v_{i0}), \quad (11.2)$$

其中 $\Gamma(v) = |v|^{2\gamma-2}v$，$\gamma > 1$.

首先介绍模型 (11.1) 的基本性质. 动能和势能分别记作

$$\mathcal{K} = \frac{1}{N}\sum_{i=1}^{N}|v_i|^2, \quad \mathcal{P} = \frac{1}{N^2}\sum_{i=1}^{N}\sum_{j\neq i}V(|x_i - x_j|).$$

为了简便起见，记

$$\mathcal{X} = \frac{1}{N}\sum_{i=1}^{N}|x_i|^2.$$

引理 11.1 设 $\{(x_i, v_i)\}_{i=1}^{N}$ 为模型 (11.1) 的全局解. 则对 $\forall t \geqslant 0$，有

$$\frac{\mathrm{d}}{\mathrm{d}t}\left(\frac{1}{N}\sum_{i=1}^{N}v_i(t)\right) = 0 \tag{11.3}$$

和

$$\frac{\mathrm{d}}{\mathrm{d}t}(\mathcal{K} + \mathcal{P}) = -\frac{1}{N^2}\sum_{i=1}^{N}\sum_{j\neq i}\phi(|x_i - x_j|)\Gamma(v_i - v_j)\cdot(v_i - v_j). \tag{11.4}$$

附注 11.1 通过式 (11.3)，定义在 t 时刻的平均位置和平均速度为

$$(x_c(t), v_c(t)) = \left(\frac{1}{N}\sum_{i=1}^{N}x_i(t), \frac{1}{N}\sum_{i=1}^{N}v_i(t)\right).$$

故有 $v_c(t) \equiv v_c(0)$，以及 $x_c(t) = v_c(0)t + x_c(0)$ 成立. 由于模型 (11.1) 具有 Galilean 不变性，为了简单起见，在后面内容中可以进一步假设

$$(x_c(0), v_c(0)) = (0, 0).$$

那么，对 $\forall t \geqslant 0$，都有 $(x_c(t), v_c(t)) \equiv (0, 0)$ 以及

$$\begin{cases}\dfrac{1}{N^2}\sum_{i=1}^{N}\sum_{j\neq i}|v_i - v_j|^2 = 2\mathcal{K}, \\ \dfrac{1}{N^2}\sum_{i=1}^{N}\sum_{j\neq i}|x_i - x_j|^2 = 2\mathcal{X}.\end{cases} \tag{11.5}$$

附注 11.2 由于 $\Gamma(v)\cdot v\geqslant 0$, 由能量等式 (11.4) 可知, $\mathcal{K}+\mathcal{P}$ 是递减的. 注意到 $\lim\limits_{r\to\infty}V(r)=\infty$, 存在一个仅与 N 和初始能量有关的正常数 D_N, 使得

$$D(t):=\sup_{i\neq j}|x_i(t)-x_j(t)|\leqslant D_N,\quad i\neq j,\ t\geqslant 0. \tag{11.6}$$

同时, $\mathcal{X}$ 有一个依赖于 N 的上界.

附注 11.3 结合式 (11.4) 和式 (11.6), 由 ϕ 的递减性可知, 存在一个仅与 γ, N 有关的常数 C_0 使得

$$\frac{\mathrm{d}}{\mathrm{d}t}(\mathcal{K}+\mathcal{P})\leqslant -\frac{\phi(D(t))}{N^2}\sum_{i=1}^N\sum_{j\neq i}|v_i-v_j|^{2\gamma}\leqslant -C_0\phi(D_N)\mathcal{K}^\gamma, \tag{11.7}$$

其中最后一个不等式由式 (11.5) 和下面的引理得到. 特别地,当 $\gamma\geqslant 1$ 时,$C_0=2^\gamma$.

引理 11.2 [23] 令 $0<p<q<\infty$, 设 $z_i\in\mathbb{R}^d$, $1\leqslant i\leqslant n$. 那么有

$$\left(\sum_{i=1}^n|z_i|^q\right)^{1/q}\leqslant\left(\sum_{i=1}^n|z_i|^p\right)^{1/p}\leqslant n^{\frac{1}{p}-\frac{1}{q}}\left(\sum_{i=1}^n|z_i|^q\right)^{1/q}.$$

11.2 一致性与收敛速度

本章关注的是最有趣的情形, 即 V 是幂律势. 具体来说, $V(r)=r^\alpha$, 其中 $\alpha>1$ 是为了避免 $\nabla_\pi V(|x|)$ 的奇异性. 然后, 模型 (11.1) 变为

$$\begin{cases}\dot{x}_i=v_i,\\ \dot{v}_i=-\dfrac{1}{N}\sum_{j\neq i}\phi_{ij}|v_i-v_j|^{2\gamma-2}(v_i-v_j)-\dfrac{\alpha}{N}\sum_{j\neq i}|x_i-x_j|^{\alpha-2}(x_i-x_j).\end{cases} \tag{11.8}$$

显然, 能量不等式 (11.7) 不足以证明模型 (11.8) 的一致性. 当 $\gamma=1$, $\alpha=2$ 时, 文献 [19] 中通过构造 Lyapunov 泛函

$$\mathcal{K}+\mathcal{P}+\epsilon\left(\frac{1}{N}\sum_{i=1}^N x_i\cdot v_i\right),$$

证明了模型的一致性. 上述 Lyapunov 泛函的关键点是纵向动量 $\dfrac{1}{N}\sum x_i\cdot v_i$, 由此可以实现强制性. 由于模型 (11.8) 中的速度和位置耦合可以是非线性的, 因此

构造了两个略为不同的 Lyapunov 函数:

$$\mathcal{L}(t) := \mathcal{K} + \mathcal{P} + \epsilon \left(\frac{1}{N} \sum_{i=1}^{N} x_i \cdot v_i \right) \mathcal{X}^{\theta} \tag{11.9}$$

和

$$\mathfrak{L}(t) := (\mathcal{K} + \mathcal{P})^{\lambda} + \varepsilon \left(\frac{1}{N} \sum_{i=1}^{N} x_i \cdot v_i \right), \tag{11.10}$$

其中 $\epsilon, \varepsilon > 0$ 是两个待定参数. 式 (11.9) 和式 (11.10) 的新颖之处在于参数 θ 和 λ 的引入及选择. 本节考虑 Lyapunov 泛函 $\mathcal{L}(t)$ 满足

$$\theta = \max \left\{ \frac{\gamma - 1}{2} \alpha, \frac{\alpha - 2\gamma}{4\gamma - 2}, \frac{\alpha}{2} - 1, 0 \right\}. \tag{11.11}$$

现在建立下面的定理.

定理 11.1 设 $\{(x_i, v_i)\}_{i=1}^{N}$ 是模型 (11.8) 的全局解, 且 $(x_c(0), v_c(0)) = (0, 0)$. 设 ϕ 是一个递减且严格正的函数. 若 $\gamma > 1/2, \alpha > 1$, 则对任意初值, $\{(x_i, v_i)\}_{i=1}^{N}$ 都能达到一致性. 若 $\gamma > 1$ 或 $\alpha > 2\gamma$, 则存在一个仅与 $\alpha, \gamma, N, \phi(D_N)$ 和初值有关的正常数 C 使得

$$\mathcal{K} \leqslant C(t+1)^{-\frac{\alpha}{2\theta}}, \quad \mathcal{X} \leqslant C(t+1)^{-\frac{1}{\theta}}.$$

进一步, 当 $\gamma \leqslant 1, \alpha \leqslant 2\gamma$ 时, 对任意 i, x_i, v_i, 指数均收敛到零.

附注 11.4 本节的证明可适用于处理更一般的吸引势, 例如

$$V(0) = 0, \quad k_1 r^{\alpha - 1} \leqslant V'(r) \leqslant k_2 r^{\alpha - 1}, \quad k_1, k_2 > 0.$$

为了证明定理 11.1, 先证明当 ϵ 充分小时, $\mathcal{L}(t)$ 是正定的. 更准确地说, 证明 $\mathcal{L}(t)$ 等价于能量函数.

引理 11.3 设 $\{(x_i, v_i)\}_{i=1}^{N}$ 为模型 (11.8) 的光滑解, 且满足条件

$$(x_c(0), v_c(0)) = (0, 0).$$

若 $\theta \geqslant \max\{0, \alpha/2 - 1\}$, 则存在仅与 α, γ, N 和初值有关的 $\epsilon_1 > 0$, 使得对 $\forall \epsilon \in (0, \epsilon_1]$, 有

$$c_1 \left[\mathcal{K} + \mathcal{X}^{\frac{\alpha}{2}} \right] \leqslant \mathcal{L}(t) \leqslant c_2 \left[\mathcal{K} + \mathcal{X}^{\frac{\alpha}{2}} \right], \tag{11.12}$$

其中的正常数 c_1, c_2 与 α, N 有关.

证明 根据引理 11.2 和式 (11.5)，存在仅与 α, N 有关的正常数 $c_1 \leqslant 1/2$ 使得

$$\mathcal{K} + \mathcal{P} \geqslant 2c_1 \left[\mathcal{K} + \mathcal{X}^{\frac{\alpha}{2}}\right]. \tag{11.13}$$

由 Cauchy-Schwarz 不等式可知

$$\left|\frac{1}{N}\sum_{i=1}^{N} x_i \cdot v_i\right| \mathcal{X}^{\theta} \leqslant \mathcal{X}^{\theta+1/2} \mathcal{K}^{1/2} \leqslant \mathcal{K}^{\theta+1} + \mathcal{X}^{\theta+1}.$$

注意，$\mathcal{K}, \mathcal{X}$ 在 $[0,\infty)$ 上有界，且 $\theta + 1 \geqslant \max\{1, \alpha/2\}$。由上述不等式可知，存在仅依赖于 θ, α 和 $\sup\limits_{t\geqslant 0}\mathcal{K}, \sup\limits_{t\geqslant 0}\mathcal{X}$ 的正常数 c_0 使得

$$\epsilon\left|\sum_{i=1}^{N} x_i \cdot v_i\right| \mathcal{X}^{\theta} \leqslant c_0 \epsilon \left[\mathcal{K} + \mathcal{X}^{\frac{\alpha}{2}}\right]. \tag{11.14}$$

结合式 (11.13) 和式 (11.14)，对 $\forall \epsilon \leqslant \epsilon_1 := c_1/c_0$，可以得到式 (11.12)。 □

然后，证明 $\mathcal{L}'(t)$ 是负定的。实际上，这里给出了 $\mathcal{L}'(t)$ 的详细估计，以便进行定量分析。

引理 11.4 设 $\{(x_i, v_i)\}_{i=1}^{N}$ 为模型 (11.8) 的光滑解，且满足条件

$$(x_c(0), v_c(0)) = (0, 0).$$

设 ϕ 是一个递减且严格正的函数。若 $\gamma > 1/2$，$\alpha > 1$ 且 θ 满足式 (11.11)，则存在仅与 $\alpha, \gamma, N, \phi(D_N)$ 和初值有关的 $\epsilon_2 > 0$，使得对 $\forall \epsilon \in (0, \epsilon_2]$，有

$$\frac{\mathrm{d}}{\mathrm{d}t}\mathcal{L}(t) \leqslant -C\epsilon \left[\mathcal{K}^{\gamma} + \mathcal{X}^{\theta+\alpha/2}\right],$$

其中的正常数 C 仅与 α, γ, N 和初值有关。

证明 为了清晰起见，将证明分为两个步骤，并假设 $\phi \leqslant 1$。

第一步 首先给出 $\mathcal{L}'(t)$ 的一个基本估计。从式 (11.8) 出发，有

$$\frac{\mathrm{d}}{\mathrm{d}t}\left(\frac{1}{N}\sum_{i=1}^{N} x_i \cdot v_i\right) = \frac{1}{N}\sum_{i=1}^{N}|v_i|^2 - \frac{\alpha}{2N^2}\sum_{i=1}^{N}\sum_{j\neq i}|x_i - x_j|^{\alpha} -$$
$$\frac{1}{2N^2}\sum_{i=1}^{N}\sum_{j\neq i}\phi_{ij}\Gamma(v_i - v_j) \cdot (x_i - x_j). \tag{11.15}$$

对于式 (11.15) 右端的最后一项，利用 Young 不等式和引理 11.2，可以得到

$$-\frac{1}{2N^2}\sum_{i=1}^{N}\sum_{j\neq i}\phi_{ij}\Gamma(v_i-v_j)\cdot(x_i-x_j)$$

$$\leqslant \frac{1}{2N^2}\sum_{i=1}^{N}\sum_{j\neq i}|v_i-v_j|^{2\gamma-1}|x_i-x_j|$$

$$\leqslant \frac{1}{2N^2}\sum_{i=1}^{N}\sum_{j\neq i}\left(\frac{\alpha-1}{\alpha}|v_i-v_j|^{\frac{\alpha(2\gamma-1)}{\alpha-1}}+\frac{1}{\alpha}|x_i-x_j|^\alpha\right)$$

$$\leqslant C_\gamma \mathcal{K}^{\frac{\alpha(\gamma-1/2)}{\alpha-1}}+\frac{1}{2\alpha}\mathcal{P}, \tag{11.16}$$

其中的正常数 C_γ 仅与 α, γ, N 有关. 结合上述不等式和式 (11.15)，可以得到

$$\frac{\mathrm{d}}{\mathrm{d}t}\left(\frac{1}{N}\sum_{i=1}^{N}x_i\cdot v_i\right)\leqslant \mathcal{K}-\frac{\alpha^2-1}{2\alpha}\mathcal{P}+C_\gamma \mathcal{K}^{\frac{\alpha(\gamma-1/2)}{\alpha-1}}. \tag{11.17}$$

然后，由上述不等式和 Cauchy-Schwarz 不等式，对 $\forall \theta>0$，有

$$\frac{\mathrm{d}}{\mathrm{d}t}\left[\left(\frac{1}{N}\sum_{i=1}^{N}x_i\cdot v_i\right)\mathcal{X}^\theta\right]$$

$$=\mathcal{X}^\theta\left(\mathcal{K}-\frac{\alpha^2-1}{2\alpha}\mathcal{P}+C_\gamma \mathcal{K}^{\frac{\alpha(\gamma-1/2)}{\alpha-1}}\right)+2\theta\mathcal{X}^{\theta-1}\left(\frac{1}{N}\sum_{i=1}^{N}x_i\cdot v_i\right)^2$$

$$\leqslant (2\theta+1)\mathcal{X}^\theta\mathcal{K}-C_\alpha\epsilon\mathcal{X}^{\theta+\alpha/2}+C_\gamma \mathcal{K}^{\frac{\alpha(\gamma-1/2)}{\alpha-1}}\mathcal{X}^\theta. \tag{11.18}$$

由引理 11.2 给出 $\mathcal{P}\geqslant C\mathcal{X}^{\frac{\alpha}{2}}$. 对于 $\theta=0$ 的情形，不等式 (11.18) 也成立. 那么，由式 (11.7) 和式 (11.18)，可以得到

$$\frac{\mathrm{d}}{\mathrm{d}t}\mathcal{L}(t)\leqslant -C_0\phi(D_N)\mathcal{K}^\gamma-C_\alpha\epsilon\mathcal{X}^{\theta+\alpha/2}+$$

$$(2\theta+1)\epsilon\mathcal{X}^\theta\mathcal{K}+C_\gamma\epsilon\mathcal{X}^{\theta+1/2}\mathcal{K}^{\gamma-1/2}. \tag{11.19}$$

第二步 通过插值不等式和假设条件，将证明：

$$\frac{\mathrm{d}}{\mathrm{d}t}\mathcal{L}(t)\leqslant -\frac{C_0}{2}\phi(D_N)\mathcal{K}^\gamma-\frac{C_\alpha}{2}\epsilon\mathcal{X}^{\theta+\alpha/2}. \tag{11.20}$$

注意到

$$(2\theta+1)\epsilon\mathcal{X}^\theta\mathcal{K}$$
$$\leqslant (2\theta+1)\epsilon\left(\mathcal{X}^\theta\mathcal{K}\mathbf{1}_{\mathcal{X}^{\frac{\alpha}{2}}\leqslant R_1\mathcal{K}} + \mathcal{X}^\theta\mathcal{K}\mathbf{1}_{\mathcal{X}^{\frac{\alpha}{2}}>R_1\mathcal{K}}\right)$$
$$\leqslant (2\theta+1)\epsilon R_1^{\frac{2\theta}{\alpha}}\mathcal{K}^{\frac{2\theta}{\alpha}+1} + \frac{(2\theta+1)\epsilon}{R_1}\mathcal{X}^{\theta+\frac{\alpha}{2}}$$
$$= \frac{C_\alpha\epsilon}{4}\mathcal{X}^{\theta+\frac{\alpha}{2}} + (2\theta+1)^{1+\frac{2\theta}{\alpha}}\left(\frac{4}{C_\alpha}\right)^{\frac{2\theta}{\alpha}}\epsilon\mathcal{K}^{\frac{2\theta}{\alpha}+1}, \tag{11.21}$$

其中的最后一个不等号是通过选择正常数 $R_1 = 4(2\theta+1)/C_\alpha$ 得到的. 注意到 $\mathcal{K}(t)$ 有界, 且由式 (11.11) 可得 $\frac{2\theta}{\alpha}+1\geqslant\gamma$. 因此, 由式 (11.21) 可知, 存在仅依赖于 α,γ,N 和 $\sup_{t\geqslant 0}\mathcal{K}(t)$ 的常数 C_1 使得

$$(2\theta+1)\epsilon\mathcal{X}^\theta\mathcal{K} \leqslant \frac{C_\alpha\epsilon}{4}\mathcal{X}^{\theta+\frac{\alpha}{2}} + C_1\epsilon\mathcal{K}^\gamma. \tag{11.22}$$

与式 (11.21) 类似, 也有

$$C_\gamma\epsilon\mathcal{K}^{\frac{\alpha(\gamma-1/2)}{\alpha-1}}\mathcal{X}^\theta$$
$$\leqslant \frac{C_\alpha\epsilon}{4}\mathcal{X}^{\theta+\frac{\alpha}{2}} + C\epsilon\mathcal{K}^{(\frac{2\theta}{\alpha}+1)\frac{\alpha(\gamma-1/2)}{\alpha-1}} \leqslant \frac{C_\alpha\epsilon}{4}\mathcal{X}^{\theta+\frac{\alpha}{2}} + C_2\epsilon\mathcal{K}^\gamma. \tag{11.23}$$

因为由式 (11.11) 可得 $\left(\gamma-\frac{1}{2}\right)\left(\frac{2\theta+\alpha}{\alpha-1}\right)\geqslant\gamma$.

根据式 (11.22) 和式 (11.23), 可以得到

$$(2\theta+1)\epsilon\mathcal{X}^\theta\mathcal{K} + C_\gamma\epsilon\mathcal{X}^{\theta+1/2}\mathcal{K}^{\gamma-1/2} \leqslant \frac{C_\alpha\epsilon}{2}\mathcal{X}^{\theta+\alpha/2} + (C_1\epsilon+C_2\epsilon)\mathcal{K}^\gamma.$$

结合上述不等式和式 (11.19), 对 $\forall \epsilon \leqslant \epsilon_2 := \frac{C_0\phi(D_N)}{2(C_1+C_2)}$, 可以得到式 (11.20). 通过选取合适的 ϵ, 有

$$\frac{\mathrm{d}}{\mathrm{d}t}\mathcal{L}(t) \leqslant -\max\{C_1+C_2, C_\alpha/2\}\epsilon\left(\mathcal{K}^\gamma + \mathcal{X}^{\theta+\alpha/2}\right),$$

从而完成了整个证明. □

最后, 结合上述两个引理, 可以证明定理 11.1.

定理 11.1 的证明　取 $\epsilon = \min\{\epsilon_2, \epsilon_1\}$. 由引理 11.4 和 $\mathcal{K}, \mathcal{X}$ 的有界性, 可以得到

$$\frac{\mathrm{d}}{\mathrm{d}t}\mathcal{L}(t) \leqslant -C\epsilon \left[\mathcal{K} + \mathcal{X}^{\alpha/2}\right]^{\max\{\gamma, \frac{\alpha+2\theta}{\alpha}\}}.$$

结合上面的不等式和引理 11.3 中的式 (11.12), 可以得到

$$\frac{\mathrm{d}}{\mathrm{d}t}\mathcal{L}(t) \leqslant -C\phi(D_N)\mathcal{L}(t)^{\max\{\gamma, \frac{\alpha+2\theta}{\alpha}\}} = -C\phi(D_N)\mathcal{L}(t)^{1+\frac{2\theta}{\alpha}}. \tag{11.24}$$

由于 $\theta \geqslant \frac{(\gamma-1)\alpha}{2}$, 当 $\theta = 0$, 即 $\gamma \leqslant 1, \alpha \leqslant 2\gamma$ 时, 由上面的不等式可知

$$\mathcal{L}(t) \leqslant \mathcal{L}(0)\mathrm{e}^{-C\phi(D_N)t}.$$

当 $\theta > 0$ 时, 由式 (11.24) 可以得到

$$\mathcal{L}(t) \leqslant \mathcal{L}(0)\left(C\phi(D_N)t + 1\right)^{-\frac{\alpha}{2\theta}}.$$

利用式 (11.12) 和上述两个不等式, 完成了证明. $\square$

11.3　有限时间内一致性

当 $\gamma \leqslant 1, \alpha \leqslant 2\gamma$ 时, 定理 11.1 证明了对所有 i, x_i, v_i 指数均收敛到零. 事实上, 这种收敛速度并不是最优的. 在下面的定理中将指出: 当 $\gamma < 1, \alpha < 2\gamma$ 时, 模型 (11.8) 在有限时间内达到一致性.

定理 11.2　设 $\{(x_i, v_i)\}_{i=1}^N$ 为模型 (11.8) 的全局解, 且满足条件

$$(x_c(0), v_c(0)) = (0, 0).$$

设 ϕ 是一个递减且严格正的函数. 若 $\gamma \in \left(\frac{1}{2}, 1\right)$, $\alpha \in (1, 2\gamma)$, 则对任意 i, x_i, v_i 在有限时间内收敛到零.

为了得到有限时间一致性, 考虑 Lyapunov 泛函 $\mathfrak{L}(t)$, 其中

$$\lambda = \min\left\{\frac{1}{2} + \frac{1}{\alpha}, 2 - \gamma, \frac{\gamma - 1 + \alpha/2}{\alpha - 1}\right\}. \tag{11.25}$$

因为 $\gamma < 1, \alpha < 2\gamma$, 所以实际上有 $\lambda > 1$.

引理 11.5　令 $\{(x_i, v_i)\}_{i=1}^N$ 为模型 (11.8) 的全局解, 且满足条件

$$(x_c(0), v_c(0)) = (0, 0).$$

第 11 章　具有非线性速度耦合和幂律势的 Cucker-Smale 模型

假设 $\lambda \leqslant \dfrac{1}{2} + \dfrac{1}{\alpha}$，则存在与 α, γ, N 和初始能量有关的 $\varepsilon_1 > 0$，使得对 $\forall \varepsilon \in (0, \varepsilon_1]$，有

$$\frac{1}{2}(\mathcal{K}+\mathcal{P})^\lambda \leqslant \mathfrak{L}(t) \leqslant \frac{3}{2}(\mathcal{K}+\mathcal{P})^\lambda. \tag{11.26}$$

特别地，当 $\alpha \geqslant 2$ 时，ε_1 与 N 无关。

证明 由 Cauchy-Schwarz 不等式和插值不等式可知，存在与 N 有关的正常数 C 使得

$$\left|\frac{1}{N}\sum_{i=1}^{N} x_i \cdot v_i\right| \leqslant \mathcal{X}^{1/2}\mathcal{K}^{1/2} \leqslant \mathcal{X}^{1/2}\mathcal{K}^{1/2}\mathbf{1}_{\mathcal{X}^{\frac{1}{2\lambda-1}}>\mathcal{K}} + \mathcal{X}^{1/2}\mathcal{K}^{1/2}\mathbf{1}_{\mathcal{X}^{\frac{1}{2\lambda-1}}\leqslant\mathcal{K}}$$
$$\leqslant \mathcal{X}^{\frac{\lambda}{2\lambda-1}} + \mathcal{K}^\lambda \leqslant C\mathcal{P}^{\frac{2\lambda}{\alpha(2\lambda-1)}} + \mathcal{K}^\lambda.$$

特别地，当 $\alpha \geqslant 2$ 时，$C = 1$。注意到 $\mathcal{P}(t)$ 是有界的且 $\dfrac{2}{(2\lambda-1)\alpha} \geqslant 1$，那么当 ε 充分小时，由上面的不等式可以得到

$$\left|\frac{\varepsilon}{N}\sum_{i=1}^{N} x_i \cdot v_i\right| \leqslant C\varepsilon\mathcal{P}^\lambda + \varepsilon\mathcal{K}^\lambda \leqslant \frac{1}{2}(\mathcal{K}+\mathcal{P})^\lambda.$$

由此，得到式 (11.26)。 □

引理 11.6 设 $\{(x_i, v_i)\}_{i=1}^{N}$ 为模型 (11.8) 的全局解，且满足条件

$$(x_c(0), v_c(0)) = (0, 0).$$

设 ϕ 是一个递减且严格正的函数。若 $\gamma \in \left(\dfrac{1}{2}, 1\right), \alpha \in (1, 2\gamma)$ 且 λ 满足式 (11.25)，则存在仅与 α, γ, N 和初始能量有关的 $\varepsilon_2 > 0$，使得对 $\forall \varepsilon \in (0, \varepsilon_2\phi(D_N)]$，有

$$\frac{\mathrm{d}}{\mathrm{d}t}\mathfrak{L}(t) \leqslant -C\varepsilon\left[\mathcal{K}^{\gamma+\lambda-1} + \mathcal{P}\right],$$

其中的正常数 C 仅与 α, γ, N 和初值有关。

证明 由式 (11.7) 和式 (11.12)，可以得到

$$\frac{\mathrm{d}}{\mathrm{d}t}(\mathcal{K}+\mathcal{P})^\lambda \leqslant -C_0\phi(D_N)\lambda(\mathcal{K}+\mathcal{P})^{\lambda-1}\mathcal{K}^\gamma \leqslant -C_0\phi(D_N)\lambda\mathcal{K}^{\gamma+\lambda-1}.$$

结合上述不等式和式 (11.17)，有

$$\frac{\mathrm{d}}{\mathrm{d}t}\mathfrak{L}(t)$$

$$\leqslant -C_0\phi(D_N)\lambda\mathcal{K}^{\gamma+\lambda-1} - \frac{(\alpha^2-1)\varepsilon}{2\alpha}\mathcal{P} + \varepsilon\mathcal{K} + C_\gamma\varepsilon\mathcal{K}^{\frac{\alpha(\gamma-1/2)}{\alpha-1}}. \tag{11.27}$$

选取合适的 λ，即式 (11.25)，可以得到 $\left(\gamma-\dfrac{1}{2}\right)\left(\dfrac{\alpha}{\alpha-1}\right) \geqslant \gamma+\lambda-1$ 以及 $1 \geqslant \gamma+\lambda-1$. 再由 $\mathcal{K}$ 的有界性得到

$$\varepsilon\mathcal{K} + C_\gamma\varepsilon\mathcal{K}^{\frac{\alpha(\gamma-1/2)}{\alpha-1}} \leqslant C\varepsilon\mathcal{K}^{\gamma+\lambda-1}.$$

因此，结合上述不等式和式 (11.27) 可知，存在一个仅与 α,γ,N 和初始能量有关的充分小的 $\varepsilon_2 > 0$，使得当 $\varepsilon \leqslant \varepsilon_2\phi(D_N)$ 时，有

$$\frac{\mathrm{d}}{\mathrm{d}t}\mathfrak{L}(t) \leqslant -\frac{1}{2}C_0\phi(D_N)\lambda\mathcal{K}^{\gamma+\lambda-1} - \frac{(\alpha^2-1)\varepsilon}{2\alpha}\mathcal{P} \leqslant -C\varepsilon\left[\mathcal{K}^{\gamma+\lambda-1}+\mathcal{P}\right]. \quad \square$$

定理 11.2 的证明 取 $\varepsilon = \min\{\varepsilon_2\phi(D_N),\varepsilon_1\}$. 因为 $\lambda \leqslant 2-\gamma$，由上述引理和 $\mathcal{K},\mathcal{P}$ 的有界性可以得出

$$\frac{\mathrm{d}}{\mathrm{d}t}\mathfrak{L}(t) \leqslant -C\epsilon\left[\mathcal{K}^{\gamma+\lambda-1}+\mathcal{P}\right] \leqslant -C\phi(D_N)\left[\mathcal{K}+\mathcal{P}\right].$$

将上述不等式与式 (11.26) 联立可得

$$\frac{\mathrm{d}}{\mathrm{d}t}\mathfrak{L}(t) \leqslant -C\phi(D_N)\mathfrak{L}(t)^{\frac{1}{\lambda}}. \tag{11.28}$$

注意到 $\lambda > 1$，因此 $\mathfrak{L}(t)$ 在有限时间内收敛到零. 通过式 (11.26)，可以得到想要的结论. $\quad \square$

11.4 独立于 N 的一致性

注意到上述各节的收敛速度均与 N 有关. 实际上，当 N 增大时，收敛速度会变慢. 其关键在于式 (11.6) 中估计的空间直径与 N 有关. 为了给出一个与 N 无关的估计，考虑如下的微观能量：

$$\mathcal{E}_{\mathrm{micro}}(t) = \sup_{1\leqslant i\leqslant N}\left\{\frac{1}{2}|v_i|^2 + \frac{1}{N}\sum_{j\neq i}V(|x_i-x_j|)\right\}.$$

引理 11.7 设 $\{(x_i,v_i)\}_{i=1}^N$ 为模型 (11.8) 的全局解，且满足条件

$$(x_c(0),v_c(0)) = (0,0).$$

若 $\alpha > 1$,则有
$$\sup_{1\leqslant i\leqslant N} |v_i| \leqslant \sqrt{2\mathcal{E}_{\text{micro}}(t)}$$

和
$$D(t) \leqslant 2\mathcal{E}_{\text{micro}}(t)^{\frac{1}{\alpha}}.$$

证明 显然,对任意 i,有 $|v_i| \leqslant \sqrt{2\mathcal{E}_{\text{micro}}(t)}$. 注意到 $x_c \equiv 0$,由引理 11.2 可得

$$|x_i| = |x_i - x_c| \leqslant \frac{1}{N}\sum_{i=1}^N |x_i - x_j| \leqslant \left(\frac{1}{N}\sum_{i=1}^N |x_i-x_j|^\alpha\right)^{\frac{1}{\alpha}} \leqslant \mathcal{E}_{\text{micro}}(t)^{\frac{1}{\alpha}}.$$

从而,$D(t)$ 的估计易得. □

引理 11.8 设 $\{(x_i, v_i)\}_{i=1}^N$ 为模型 (11.8) 的全局解,且满足初值条件

$$(x_c(0), v_c(0)) = (0,0).$$

若 $1 \leqslant \gamma < 2$ 且 $\alpha > 1$,则

$$\mathcal{E}_{\text{micro}}(t) \leqslant C\left(1 + \int_0^t \mathcal{K}(s)^{\frac{1}{2}} ds\right)^{\max\{\alpha, \frac{1}{2-\gamma}\}},$$

其中的常数 $C > 0$ 且仅与 α, γ 和 $\mathcal{E}_{\text{micro}}(0)$ 有关.

证明 由模型 (11.8),可得

$$\frac{d}{dt}\left(\frac{1}{2}|v_i|^2 + \frac{1}{N}\sum_{j\neq i} V(|x_i - x_j|)\right)$$

$$= v_i \cdot \left(-\frac{1}{N}\sum_{j\neq i}\phi_{ij}\Gamma(v_i - v_j) - \frac{1}{N}\sum_{j\neq i}\nabla_{x_i}V(|x_i-x_j|)\right) +$$

$$\frac{1}{N}\sum_{j\neq i}\nabla_{x_i}V(|x_i-x_j|) \cdot (v_i - v_j)$$

$$\leqslant -\frac{1}{N}\sum_{j\neq i}\phi_{ij}|v_i-v_j|^{2\gamma} + \frac{1}{N}\sum_{j\neq i}\phi_{ij}|v_i-v_j|^{2\gamma-1}|v_j| -$$

$$\frac{1}{N}\sum_{j\neq i}\nabla_{x_i}V(|x_i-x_j|) \cdot v_j$$

$$\leqslant \frac{1}{N}\sum_{j\neq i}|v_j|^{2\gamma} - \frac{1}{N}\sum_{j\neq i}\nabla_{x_i}V(|x_i-x_j|)\cdot v_j, \tag{11.29}$$

其中的最后一个不等号是由 Young 不等式得到的. 又因为 $\gamma \geqslant 1$, 且 $\mathcal{K}$ 有界, 由引理 11.7 和引理 11.2, 可以得到

$$\frac{\mathrm{d}}{\mathrm{d}t}\mathcal{E}_{\mathrm{micro}}(t)$$
$$\leqslant \left(\sup_{1\leqslant j\leqslant N}|v_j|\right)^{2\gamma-2}\left(\frac{1}{N}\sum_{j=1}^{N}|v_j|^2\right) + \alpha D(t)^{\alpha-1}\frac{1}{N}\sum_{j=1}^{N}|v_j|$$
$$\leqslant C\left(\mathcal{E}_{\mathrm{micro}}^{\gamma-1}(t)\mathcal{K} + \mathcal{E}_{\mathrm{micro}}^{\frac{\alpha-1}{\alpha}}(t)\mathcal{K}^{\frac{1}{2}}\right) \leqslant C\left(1+\mathcal{E}_{\mathrm{micro}}(t)\right)^{\max\{\gamma-1,\frac{\alpha-1}{\alpha}\}}\mathcal{K}^{\frac{1}{2}}.$$

因此, 由上面的不等式可以得到最终估计. $\square$

附注 11.5 对于式 (11.29) 右边的第二项, 有另一种处理方法, 即

$$\frac{1}{N}\sum_{j\neq i}\nabla_{x_i}V(|x_i-x_j|)\cdot v_j = \frac{1}{N}\sum_{j=1}^{N}[\nabla_{x_i}V(|x_i-x_j|) - \nabla_{x_i}V(|x_i|)]\cdot v_j.$$

具体细节可参见文献 [19–21]. 在这种情况下, 可以得到 $\mathcal{E}_{\mathrm{micro}}(t)$ 的一个较好的估计, 但 V 的二阶段数需要满足一定条件, 不能推广到附注 11.4 中的情形.

通过上述准备, 可以建立与 N 无关的一致性.

定理 11.3 设 $\{(x_i,v_i)\}_{i=1}^{N}$ 为模型 (11.8) 的全局解, 且满足条件

$$(x_c(0), v_c(0)) = (0,0).$$

令 ϕ 是一个递减且严格为正的函数, 使得

$$\phi(r)r \to +\infty, \quad r \to +\infty.$$

若 $\alpha \in [2,4)$ 且 $\gamma \in \left[1, \frac{3}{2}\right)$, 则 $\{(x_i,v_i)\}_{i=1}^{N}$ 达到一致性:

$$\mathcal{K} \leqslant C(t+1)^{-\frac{1}{1-\lambda}}, \quad \mathcal{X} \leqslant C(t+1)^{-\frac{2}{(1-\lambda)\alpha}},$$

其中的正常数 C 与 N 无关.

证明 为了清晰起见, 将证明分为四个步骤.

第一步 首先, 由 $D(t)$ 的连续性可知, 对 $\forall D_\infty > D(0)$, $D(t) < D_\infty$ 在一段时间内成立. 定义 $t_0 := \sup\{t : D(s) < D_\infty, \forall s \in [0,t]\}$, 其中 D_∞ 将在后面

给出. 若 $t_0 < +\infty$, 则对 $\forall t \in [0, t_0)$, 有 $D(t) < D_\infty$, 且

$$D(t_0) = D_\infty. \tag{11.30}$$

然后, 在下面的步骤中证明 $D(t_0) < D_\infty$.

第二步 仍考虑 Lyapunov 泛函:

$$\mathfrak{L}(t) = (\mathcal{K} + \mathcal{P})^\lambda + \varepsilon \left(\frac{1}{N} \sum_{i=1}^{N} x_i \cdot v_i \right),$$

其中

$$\lambda = \min \left\{ \frac{1}{2} + \frac{1}{\alpha}, 2 - \gamma, \frac{\alpha\gamma - \alpha + \gamma}{\alpha(\gamma - 1/2)} \right\}, \tag{11.31}$$

且 $\varepsilon = \varepsilon_0 \phi(D_\infty)$, $\varepsilon_0 > 0$ 是一个给定的足够小的数, 将在下面给出. 由假设条件可知 $\frac{1}{2} < \lambda \leqslant 1$. 为了简单起见, 只考虑 $\frac{1}{2} < \lambda < 1$ 的情形.

由于 $\gamma \geqslant 1$, 由式 (11.7) 可以得到, 对 $\forall t \in [0, t_0]$, 有

$$\frac{\mathrm{d}}{\mathrm{d}t} (\mathcal{K} + \mathcal{P})^\lambda \leqslant -2\lambda \phi(D(t)) \frac{\mathcal{K}^\gamma}{(\mathcal{K} + \mathcal{P})^{1-\lambda}} \leqslant -2\lambda \phi(D_\infty) \frac{\mathcal{K}^\gamma}{(\mathcal{K} + \mathcal{P})^{1-\lambda}}.$$

注意, 由式 (11.31) 可知 $\frac{\gamma}{2-\lambda} \leqslant \frac{\alpha(\gamma - 1/2)}{\alpha - 1}$ 以及 $\frac{\gamma}{2-\lambda} \leqslant 1$. 然后, 结合上述不等式和式 (11.17) 可以得到

$$\frac{\mathrm{d}}{\mathrm{d}t} \mathfrak{L}(t)$$
$$\leqslant -2\lambda \phi(D_\infty) \frac{\mathcal{K}^\gamma}{(\mathcal{K} + \mathcal{P})^{1-\lambda}} - \frac{\alpha^2 - 1}{2\alpha} \varepsilon \mathcal{P} + \varepsilon \mathcal{K} + \varepsilon \mathcal{K}^{\frac{\alpha(\gamma - \frac{1}{2})}{\alpha - 1}}$$
$$\leqslant -c_3 \phi(D_\infty) \left[\frac{\mathcal{K}^\gamma}{(\mathcal{K} + \mathcal{P})^{1-\lambda}} + \varepsilon_0 \mathcal{P} - c_4 \varepsilon_0 \mathcal{K}^{\frac{\gamma}{2-\lambda}} \right], \tag{11.32}$$

其中 c_3 仅与 α, λ 有关, 而 c_4 仅与 α, λ 和初始能量有关.

第三步 根据题中的假设和式 (11.32), 现在证明

$$\frac{\mathrm{d}}{\mathrm{d}t} \mathfrak{L}(t) \leqslant -C \varepsilon_0 \phi(D_\infty)(\mathcal{K} + \mathcal{P}), \quad t \in [0, t_0]. \tag{11.33}$$

对于 $\mathcal{P} \geqslant 4c_4 \mathcal{K}^{\frac{\gamma}{2-\lambda}}$ 的情况, 易知

$$\frac{\mathcal{K}^\gamma}{(\mathcal{K} + \mathcal{P})^{1-\lambda}} + \varepsilon_0 \mathcal{P} \geqslant \varepsilon_0 \mathcal{P} \geqslant \frac{1}{2} \varepsilon_0 \mathcal{P} + 2c_4 \varepsilon_0 \mathcal{K}^{\frac{\gamma}{2-\lambda}}.$$

对于 $\mathcal{P} < 4c_4\mathcal{K}^{\frac{\gamma}{2-\lambda}}$ 的情况, 由 $\lambda \leqslant 2-\gamma$ 可得

$$\frac{\mathcal{K}^\gamma}{(\mathcal{K}+\mathcal{P})^{1-\lambda}} + \varepsilon_0\mathcal{P} \geqslant \frac{\mathcal{K}^\gamma}{(\mathcal{K}+4c_4\mathcal{K}^{\frac{\gamma}{2-\lambda}})^{1-\lambda}} + \varepsilon_0\mathcal{P} \geqslant 2c_4\varepsilon_0\mathcal{K}^{\frac{\gamma}{2-\lambda}} + \varepsilon_0\mathcal{P},$$

其中的 ε_0 是充分小的与 N 无关的正常数. 由于 $\frac{\gamma}{2-\lambda} \leqslant 1$, 上述两个不等式与式 (11.32) 联立可得

$$\frac{\mathrm{d}}{\mathrm{d}t}\mathfrak{L}(t) \leqslant -c_3\phi(D_\infty)\left(\frac{1}{2}\varepsilon_0\mathcal{P} + c_4\varepsilon_0\mathcal{K}^{\frac{\gamma}{2-\lambda}}\right) \leqslant -C\phi(D_\infty)(\mathcal{K}+\mathcal{P}).$$

第四步 由于 $\lambda \leqslant \frac{1}{2}+\frac{1}{\alpha}$ 且 $\alpha \geqslant 2$, 结合式 (11.33) 和式 (11.26) 可得

$$\frac{\mathrm{d}}{\mathrm{d}t}\mathfrak{L}(t) \leqslant -C\phi(D_\infty)\mathfrak{L}(t)^{\frac{1}{\lambda}}, \quad t \in [0,t_0].$$

因此,
$$\mathfrak{L}(t) \leqslant C\left(1+\phi(D_\infty)t\right)^{-\frac{\lambda}{1-\lambda}}, \quad t \in [0,t_0]. \tag{11.34}$$

并且由式 (11.26) 可得

$$\mathcal{K}(t)^{\frac{1}{2}} \leqslant C\left(1+\phi(D_\infty)t\right)^{-\frac{1}{2(1-\lambda)}}, \quad t \in [0,t_0]. \tag{11.35}$$

由于 $\lambda > 1/2$, 因此 $\mathcal{K}(t)^{\frac{1}{2}}$ 是可积的. 由引理 11.7、引理 11.8 和式 (11.35), 可以得到 $\alpha \geqslant \frac{1}{2-\gamma}$ 以及

$$D(t) \leqslant C\left(1+\int_0^t \mathcal{K}(s)^{\frac{1}{2}}\mathrm{d}s\right) \leqslant c_5/\phi(D_\infty), \quad t \in [0,t_0].$$

上式中的 $c_5 > 0$ 与 N 无关. 由假设 $r\phi(r) \to \infty$, 存在充分大的 D_∞, 使得 $c_5/\phi(D_\infty) < D_\infty$. 因此, $D(t_0) \leqslant c_5/\phi(D_\infty) < D_\infty$, 这与式 (11.30) 矛盾. 所以 $t_0 = +\infty$. 最后, 由式 (11.34) 和式 (11.26) 可知, 解达到一致性, 且收敛速度与 N 无关. $\square$

附注 11.6 当通信权重为经典权重, 即 $\phi(r) = (1+r^2)^{-\frac{\beta}{2}}$, $1 > \beta \geqslant 0$ 时, 它满足上述假设.

11.5 数值模拟示例

下面用三个数值例子来说明我们的理论结果, 考虑的是在 $\mathbb{R}^3$ 上的 8 个智能体. 在这些模拟中, 初值相同且满足 $(x_c(0), v_c(0)) = (0,0)$. 为了清楚地比较收敛

第 11 章 具有非线性速度耦合和幂律势的 Cucker-Smale 模型

速度，还固定 $\alpha = 1.3$，$\phi(r) = (1+r^2)^{-1}$. 图 11-1 和图 11-2 分别描述了模型 (11.8) 在 $\gamma > 1$ 和 $\gamma = 1$ 下以多项式和指数速率达到一致性. 图 11-3 致力于描述在条件 $\gamma < 1, \alpha < 2\gamma$ 下的有限时间一致性. 从这些数值例子中可以清楚地看到，当 γ 减小时，收敛速度会增加，从而验证了理论结果.

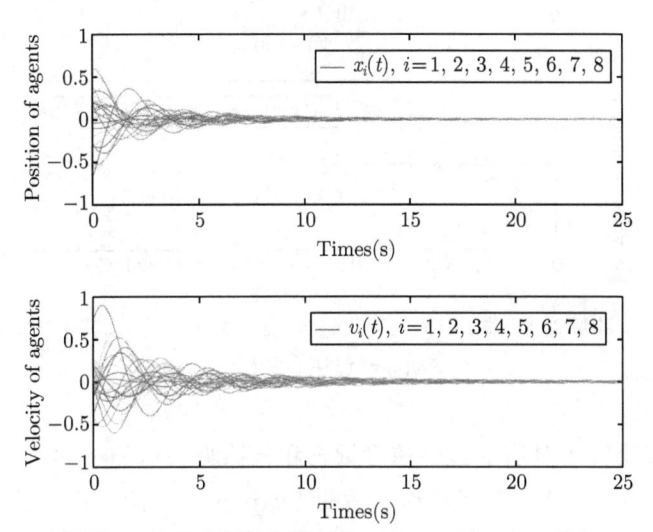

图 11-1 速度 v_i 和位置 x_i 关于时间的变化趋势, $i = 1, 2, \cdots, 8$，其中 $\gamma = 1.2, \alpha = 1.3$ 且 $\phi(\cdot) = (1 + |\cdot|^2)^{-1}$

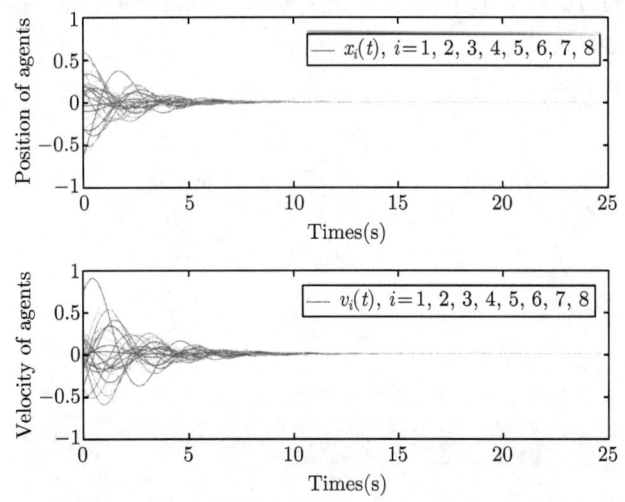

图 11-2 速度 v_i 和位置 x_i 关于时间的变化趋势, $i = 1, 2, \cdots, 8$，其中 $\gamma = 1, \alpha = 1.3$ 且 $\phi(\cdot) = (1 + |\cdot|^2)^{-1}$

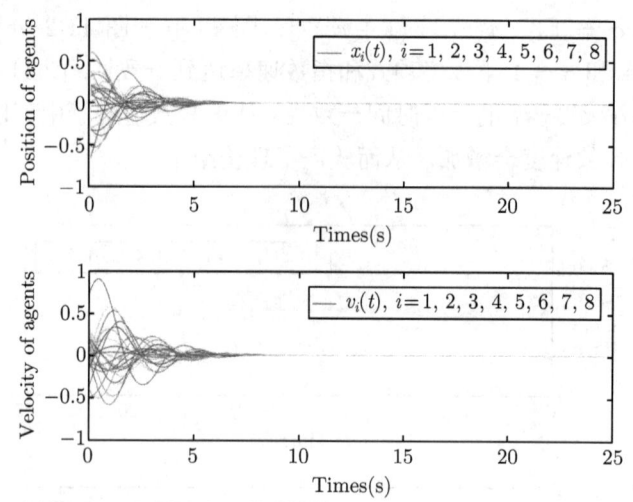

图 11-3　速度 v_i 和位置 x_i 关于时间的变化趋势，$i=1,2,\cdots,8$，其中 $\gamma=0.9, \alpha=1.3$ 且 $\phi(\cdot)=(1+|\cdot|^2)^{-1}$

本章主要研究了具有非线性速度耦合和幂律吸引势的 C-S 模型的一致性和有限时间一致性. 首先，为了构造合适的 Lyapunov 泛函，在能量中引入一个新项 $\epsilon\left(\sum x_i\cdot v_i\right)\left(\sum |x_i|^2\right)^\theta$，其中 θ 的选择非常重要. 然后，通过一些技术引理和插值不等式，证明该 Lyapunov 泛函多项式或指数收敛到零，从而可以达到一致性. 随后，通过构造另一个 Lyapunov 泛函，最终实现 C-S 模型的有限时间一致性，此时速度耦合具有次线性增长，位置耦合具有较低的增长速度. 最后，考虑与 N 无关的一致性.

参考文献

[1] OLFATI-SABER R. Flocking for multi-agent dynamic systems: algorithms and theory[J]. IEEE Transactions on Automatic Control, 2006, 53(3): 401-420.

[2] CUCKER F, SMALE S. Emergent behavior in flocks[J]. IEEE Transactions on Automatic Control, 2007, 52(5): 852-862.

[3] CUCKER F, SMALE S. On the mathematics of emergence[J]. Japanese Journal of Mathematics, 2007, 2(1): 197-227.

[4] CARRILLO J A, CHOI Y P, Mucha P B, et al. Sharp conditions to avoid collisions in singular Cucker-Smale interactions[J]. Nonlinear Analysis Real World Application, 2017, 37: 317-328.

[5] PESZEK J. Existence of piecewise weak solutions of a discrete Cucker-Smale's flocking model with a singular communication weight[J]. Journal of Differential Equations, 2014, 257(8): 2900-2925.

[6] PESZEK J. Discrete Cucker-Smale flocking model with a weakly singular weight[J]. SIAM Journal on Mathematical Analysis, 2015, 47(5): 3671-3686.

[7] HA S Y, TADMOR E. From particle to kinetic and hydrodynamic descriptions of flocking[J]. Kinetic and Related Models, 2008, 1(3): 415-435.

[8] HA S Y, LIU J G. A simple proof of the Cucker-Smale flocking dynamics and mean-field limit[J]. Communications in Mathematical Sciences, 2009, 7(2): 297-325.

[9] CARRILLO J A, FORNASIER M, ROSADO J, et al. Asymptotic flocking dynamics for the kinetic Cucker-Smale model[J]. SIAM Journal on Mathematical Analysis, 2010, 42(1): 218-236.

[10] MOTSCH S, TADMOR E. Heterophilious dynamics enhances consensus[J]. SIAM Review, 2014, 56(4): 577-621.

[11] VICSEK T, CZIRÓK A, BEN-JACOB E, et al. Novel type of phase transition in a system of self-driven particles[J]. Physical Review Letters, 1995, 75(6): 1226-1229.

[12] CHO J, HA S Y, HUANG F, et al. Emergence of bi-cluster flocking for the Cucker-Smale model[J]. Mathematical Models & Methods in Applied Sciences, 2016, 26: 1191-1218.

[13] HA S Y, KO D, ZHANG Y. Critical coupling strength of the Cucker-Smale model for flocking[J]. Mathematical Models & Methods in Applied Sciences, 2017, 27: 1051-1087.

[14] DONG J G, QIU L. Flocking of the Cucker-Smale model on general digraphs[J]. IEEE Transactions on Automatic Control, 2017, 62(10): 5234-5239.

[15] CUCKER F, DONG J G. Avoiding collisions in flocks[J]. IEEE Transactions on Automatic Control, 2010, 55(5): 1238-1243.

[16] CUCKER F, DONG J G. A general collision-avoiding flocking framework[J]. IEEE Transactions on Automatic Control, 2011, 56(5): 1124-1129.

[17] CUCKER F, DONG J G. A conditional, collision-avoiding, model for swarming[J]. Discrete and Continuous Dynamical Systems, 2014, 34(3): 1009-1020.

[18] YIN X, YUE D, CHEN Z. Asymptotic behavior and collision avoidance in the Cucker-Smale model[J]. IEEE Transactions on Automatic Control, 2020, 65(7): 3112-3119.

[19] SHU R, TADMOR E. Flocking hydrodynamics with external potentials[J]. Archive for Rational Mechanics and Analysis, 2020, 238(1): 347-381.

[20] SHU R, TADMOR E. Anticipation breeds alignment[J]. Archive for Rational Mechanics and Analysis, 2021, 240: 203-241.

[21] SHVYDKOY R. Dynamics and Analysis of Alignment Models of Collective Behavior[M]. Berlin: Springer, 2021.

[22] HA S Y, KIM J. Emergent behavior of a Cucker-Smale type particle model with nonlinear velocity couplings[J]. IEEE Transactions on Automatic Control, 2010, 55(7): 1679-1683.

[23] ZUO Z, HAN QL, NING B. Fixed-time cooperative control of multi-agent systems[J]. Cham, Switzerland Springer International Publishing, 2019.

[24] YIN X, GAO Z, CHEN Z, et al. Non-existence of asymptotic flocking in the Cucker-Smale model with short range communication weights[J]. IEEE Transactions on Automatic Control, 2022, 67(2): 1067-1072.

索　引

一阶模型　2
二阶模型　3
相变　2, 3
正则通信权重　3, 15
奇异通信权重　3, 15, 19

长程通信　6, 8, 9
短程通信　8, 9, 11–13, 22, 23, 25, 34, 51

动量守恒　5, 69, 96, 112

微观能量　77, 82–84, 100, 150
耗散性　130
强制性　143
宏观 Lyapunov 泛函　97

微观 Lyapunov 泛函　90, 100
Galilean 不变性　5, 6, 142
指数收敛　6, 47, 93, 97, 117, 128, 141, 156
多项式收敛　6, 11, 12, 141
人工势能　9, 70, 77
速度波动　13, 52

空间矩　25, 26, 29, 30, 34
速度-空间矩　23, 26, 34, 51, 57

紧支集　12, 15, 94
速度支柱　84, 93

空间直径　60, 70, 77, 82, 83, 93, 97, 111, 112, 118, 126, 129, 132, 133, 136, 138, 150

多族群　12, 13, 22, 34
非群集行为　25, 29, 30, 68, 74

离散时间　37, 39
连续时间　37, 39
混合模型　38
动理学模型　67, 68, 96, 108
流体模型　68, 69

Lipschitz 连续　38
局部 Lipschitz 连续　129

速度方差　37, 38, 42, 48
反应时滞　51, 129, 130
避免碰撞　3, 5, 9, 19, 20, 22, 23, 51, 54, 60
Riesz 位势　67, 70, 73, 74

对数位势　68, 74
Euler 对齐模型　68, 77

低次幂律势　77, 95
高次幂律势　77, 95

纵向动量　77, 143

特征流　82, 100

非线性速度　141, 156